COLLECTION

REGARDS SUR LA SCIENCE

LE SOLEIL NOIR DES NUITS BLANCHES

RICHARD M. COLEMAN

Préface de William C. Dement

Traduit par Daniel Gillet

POUR LA SCIENCE
DIFFUSION BELIN

8, rue Férou, 75006 Paris

ISBN : 2-9029-1861-5.

TABLE DES MATIÈRES

PRÉFACE

Le livre du Dr Coleman apporte une contribution majeure dans un domaine fondamental et je suis très heureux d'en faire l'avant-propos. Les problèmes de veille et de sommeil sont aujourd'hui des problèmes cruciaux et le livre du Dr Coleman s'inscrit parmi l'ensemble des écrits, des recherches et des cours qui font de l'Université de Stanford une des premières sources des connaissances sur le sommeil.

Richard Coleman, directeur de la clinique des troubles du sommeil de l'Université de Stanford, a acquis une expérience considérable et a apporté une contribution remarquable dans ce domaine. Cette clinique stimula l'intérêt général pour cette discipline et participa à son essor national. Richard Coleman, également président du Comité des séries de cas pour l'Association des Centres des Troubles du Sommeil, a compilé et publié les résultats de 8 000 cas diagnostiqués et traités dans onze services à travers les États-Unis.

Dans ce livre sont abordés les problèmes de santé liés aux horaires de veille et de sommeil. Dans un monde idéal, nous serions soumis à des horaires naturels : délivrés de toute anxiété, nous dormirions lorsque nous en aurions besoin, probablement la nuit et dans un lieu sécurisant. Pendant la journée, nous serions pleinement éveillés, sans avoir recours à la caféine ou tout autre stimulant, avec la possibilité de faire une sieste. Or, actuellement, presque personne ne jouit de ces conditions idéales. De plus en plus de gens sont soumis à des horaires contraignants et ne dorment pas assez. Presque la moitié d'entre nous doivent rester éveillés pour veiller sur l'autre moitié pendant leur sommeil.

A chaque révolution du globe, près de cinq milliards d'individus traversent « la vallée de l'ombre de la mort ». Pourquoi nous arrive-t-il d'être pleinement éveillés à 3 heures du matin ? Pour certains, parce que leur travail l'exige, bien que parfois ils n'arrivent pas à rester bien réveillés à cette heure — cela peut alors menacer la sécurité d'autrui. Pour d'autres, parce qu'ils ne peuvent dormir et la récupération apportée par le sommeil leur est donc refusée. Le Dr Coleman examine en détail ces problèmes ainsi que les effets des rythmes biologiques, des décalages horaires lors des vols intercontinentaux, du travail nocturne et propose des solutions pratiques.

Constamment, nos connaissances sur les comportements humains s'améliorent, toutefois il existe un monde nouveau à explorer — le monde du sommeil et de l'éveil, de nos horaires et de nos rythmes. Les chercheurs qui aujourd'hui travaillent dans ce domaine sont de véritables pionniers. Les êtres humains sont sans cesse à la recherche de nouveaux domaines à conquérir et, dans ce livre, Richard Coleman nous invite à explorer l'un des derniers territoires inconnus.

William C. Dement, M.-D., Ph. D.
Professeur de psychiatrie et de sciences du comportement
à l'Université de Stanford.
Président de l'Association des Centres de Recherche
sur les Troubles du Sommeil.
Président de la Société de Recherche Clinique sur le sommeil.
Directeur de la clinique et du Centre de Recherche
sur les Troubles du Sommeil de Stanford.

CHAPITRE 1

LES HORLOGES BIOLOGIQUES

A 1 h 50 cette nuit-là, le train 7843 de la Burlington Northern quitte la mine de charbon de la Butte de l'Aigle à Gillette dans le Wyoming. Depuis la locomotive de tête, le mécanicien et son aide contrôlent la progression des cent-quinze wagons du convoi ; le conducteur, pendant ce temps-là, se trouve dans la cabine arrière.

A 4 h 18, le 7843 roule vers l'Est, sur une voie unique. La vitesse est limitée à 50 km/h. Sur le côté de la voie, des feux oranges clignotent : d'autres trains arrivent en face, à trente kilomètres de là, à la hauteur de Pedro. Le mécanicien et son aide, qui somnolent ne voient pas la signalisation. Quelques kilomètres avant Pedro, dans une descente escarpée à Y-T Hill, le conducteur s'alarme de la brusque accélération du convoi. Il appelle par radio la locomotive de tête. Tiré brutalement de son sommeil, le mécanicien voit le compteur de vitesse dépasser les 90 km/h. Il se jette sur le frein. Son aide, réveillé par le crissement des roues, est frappé par l'état de panique du mécanicien qui lui demande s'il a vu le dernier signal. Mais non, lui aussi dormait.

Trente secondes plus tard, un signal d'arrêt apparaît sur la voie, mais il est trop tard — le convoi file trop vite. Deux trains de marchandises arrêtés à Pedro sont en vue. Le mécanicien hurle dans la radio de dégager la voie en actionnant le sifflet comme un forcené. L'équipage du train le plus proche ne reçoit qu'un message inaudible et ne comprend pas qu'un train fonce sur eux.

Deux cents mètres avant Pedro, le mécanicien et son aide sautent du 7843 qui roule maintenant sans contrôle, à 70 km/h. A 4 h 45, le 7843 percute de plein fouet le 8112. Deux cheminots du 8112 sont tués sur le coup. Neuf jours auparavant, cinq autres cheminots avaient déjà trouvé la mort dans une collision entre deux convois de la Burlington Northern vers 4 heures du matin. Selon l'enquête de la Commission Nationale de Sécurité des Transports, la cause de l'accident était bien la somnolence des employés, incapables d'observer la signalisation.

Ces deux accidents ont eu lieu peu après 3 heures du matin, à l'heure où le cycle d'éveil de l'organisme est au plus bas. Mais ce n'est pas parce qu'un employé doit faire une chose donnée à une heure donnée qu'il en est capable. Au cours des âges, l'espèce humaine, comme toutes les autres, a développé un système interne de mesure du temps — une horloge biologique constituée de cellules nerveuses — qui détermine l'éveil, l'envie de dormir, la sécrétion de certaines hormones et nombreuses autres fonctions. A l'inverse d'un pacemaker cardiaque qui se déclenche chaque seconde, notre horloge biologique tourne sur une journée entière. Pour cette raison, il est difficile de mesurer le cycle de cette horloge et sa découverte n'est que récente. Certes, les contraintes qu'elle nous impose peuvent nous gêner pour notre vie en société ; mais elle peut également être une source d'amélioration de notre santé, de notre sécurité et de nos performances.

Les variations journalières de nos capacités et de notre état d'éveil sont contrôlées en grande partie par ces horloges biologiques. Leurs incidences évidentes sur la sécurité du travail de nuit ne cessent de préoccuper les secteurs industriels fonctionnant nuit et jour, comme l'industrie chimique, l'aviation, l'armée ou l'industrie nucléaire. Ainsi, l'accident à la centrale nucléaire de Three Miles Island qui a eu lieu peu après 3 heures du matin était dû en grande partie à une défaillance humaine au sein d'une équipe de nuit pratiquant les trois-huit.

La plupart d'entre nous essaient de dormir à 3 heures du matin en même temps qu'un grand nombre luttent contre le sommeil pour veiller sur la sécurité des autres.

Nous sommes tous sous l'influence de notre horloge biologique bien qu'il soit difficile d'en percevoir ou d'en ressentir le fonctionnement. En général, notre horloge interne est synchronisée sur notre bracelet-montre ou notre réveille-matin et tout se passe bien. Ainsi, par exemple, à minuit, notre horloge interne nous procure une sensation de sommeil et nous sommes prêts à aller nous coucher. Mais que se passe-t-il si notre temps de sommeil va de minuit à 7 heures alors que notre horloge interne est réglée pour être au maximum d'éveil à 3 heures du matin ?

De même, qu'arrive-t-il si notre temps biologique nous impose le sommeil alors que le travail nous oblige à être debout à 3 heures du matin ? Si vous en aviez le choix, quelle heure choisiriez-vous pour passer un entretien de recrutement à un nouveau travail ? Quelles heures éviteriez-vous ? Si vous deviez travailler huit heures d'affilée à la surveillance du territoire devant un écran radar, quelle tranche horaire vous assurerait l'éveil maximal ? Une meilleure compréhension de nos rythmes biologiques nous permettra d'apporter des solutions nouvelles aux problèmes d'insomnie, d'horaires de travail, de décalage horaire ou de baisse d'activité diurne qui touchent un nombre croissant d'individus.

Les horloges dans la nature

L'homme connaît le caractère rythmique de certains phénomènes biologiques depuis plus de 2 000 ans. Aristote décrit le gonflement des ovaires d'oursin à la pleine lune ; Hippocrate parle des fluctuations des symptômes de certains patients sur un cycle de 24 heures ; Herophilus d'Alexandrie note des variations journalières du rythme cardiaque. D'une façon générale, les anciens ont observé que certaines plantes ferment leurs feuilles la nuit pour ne les ouvrir que le jour. Un mythe grec raconte même que ces mouvements sont l'expression continuelle de l'amour des plantes pour Helios, dieu du Soleil. En fait, le rythme des mouvements de ces plantes, dites héliotropes, indique qu'il s'agit d'une réponse passive à l'apparition et à la disparition de la lumière solaire.

Quelle est la cause de ce comportement ? Malgré de nombreuses observations d'héliotropes, il faut attendre 1729 pour que l'astronome français Jean-Jacques Dortous de Mairan apporte un début d'explication. Il fit l'expérience suivante : il plaça une plante dans une boîte noire, hermétique à la lumière solaire, et l'observa à différents moments du jour et de la nuit. A sa grande surprise, les feuilles restèrent ouvertes pendant les heures du jour et se replièrent la nuit, malgré l'absence totale de lumière (figure 1.1). Intéressé davantage par ses étoiles, de Mairan abandonna l'étude des plantes héliotropes. Toutefois, Marchant, son collaborateur, publia un bref compte rendu de ces observations dans les annales de l'Académie des Sciences de Paris. Une étude vite oubliée, alors qu'il s'agit de la première démonstration de l'existence d'une horloge biologique et d'un mécanisme endogène (interne) permettant à un organisme vivant de mesurer le temps. Même isolée de la lumière solaire, la plante reconnaît le jour et la nuit. Or, ce n'est que 250 ans plus tard que la communauté scientifique acceptera cette explication du phénomène.

Par la suite, quelques chercheurs se sont penchés sur l'observation de Mairan. En 1758, Henri-Louis Duhamel pensait que la lumière devait filtrer dans la boîte de Mairan. Il reprend donc l'expérience dans une cave à vin et va même jusqu'à mettre ses plantes dans un coffre recouvert d'une couverture, le tout placé dans un cabinet noir. A nouveau, dans ces conditions, les plantes conservent la notion du temps sans que la température n'intervienne

Figure 1.1 - Par cette expérience, de Mairan montre que les plantes ont une horloge biologique.

dans leurs mouvements. En 1832, le botaniste Candolle étudie l'effet d'une lumière continue d'intensité constante sur ses plantes. Là encore, les plantes continuent d'ouvrir et de refermer leurs feuilles régulièrement en suivant, de surcroît, un cycle de 22 heures. L'horloge interne de ces plantes avance donc par rapport aux 24 heures d'une révolution terrestre. Il s'agit de la première description d'un phénomène libéré des contraintes apportées par les 24 heures de l'alternance jour-nuit, la plante suit son propre cycle.

Ces études permettent de définir les principes fondamentaux du concept d'horloge biologique : (1) il s'agit d'un système physiologique interne qui mesure l'écoulement du temps ; mais en aucun cas d'une réponse passive à des signaux extérieurs. (2) La durée du cycle d'une horloge biologique est proche, sans être tout à fait égale, de 24 heures. (3) Soumis aux contraintes environnementales telles que l'alternance jour-nuit, l'organisme s'adapte au cycle de 24 heures. (4) Délivré de ces contraintes, l'organisme se réajuste sur son cycle interne propre.

Les horloges biologiques permettent à l'organisme de s'adapter aux variations majeures de l'environnement : la température, la longueur des journées, la luminosité, etc.

Ainsi, les abeilles « savent » à quel moment de la journée une fleur libère son pollen ; certains animaux peuvent prévoir l'activité de leurs prédateurs ou des variations dans la disponibilité de leur nourriture, ce qui leur permet de dormir à un moment où il vaut mieux ne pas être éveillé ou de faire des provisions.

Les horloges biologiques conditionnnent l'organisation de nos sociétés. Sans elles, notre comportement serait anarchique. Chez les nourrissons, par exemple, l'horloge interne ne se développe pas avant trois ou quatre mois. Avant, le nourrisson dort et se nourrit n'importe quand en perturbant considérablement l'emploi du temps de sa mère et de sa famille. En fait, les mères se préoccupent constamment des horaires de sommeil de leur enfant et du leur. A mesure que le système *circadien*, ou cycle journalier, s'élabore, il se dévelope chez l'enfant une période de sommeil nocturne prolongé qui soulage sa famille. Cela permet à l'enfant de synchroniser ses horaires de sommeil avec ceux de ses parents. Des adultes qui présentent des lésions des régions cérébrales qui contrôlent le fonctionnement de l'horloge interne, ont des horaires de sommeil anarchiques mais dorment quand même près de 8 heures sur 24 heures.

Une quantité d'études sur les organismes unicellulaires, les abeilles, les cafards, les oiseaux, les écureuils et les singes se sont développées pendant la première moitié du XXe siècle. Pour chacune de ces espèces animales, on a découvert un système interne de mesure du temps, des horloges biologiques, qui contrôlent leur comportement — depuis le rythme des repas jusqu'aux cycles de croissance ou de reproduction.

Par des expériences excellentes sur des générations successives de mouches fructivores (*Drosophile*), Colin Pittendrigh, professeur de biologie à Stanford, a démontré que les rythmes circadiens sont des comportements innés et transmis génétiquement, plus que des comportements acquis. Des études plus récentes ont confirmé la présence d'horloges biologiques chez l'être humain.

Un monde intemporel

Pour étudier les horloges biologiques chez l'homme, les chercheurs ont dû créer des environnements où la notion du temps est supprimée. En isolant ainsi des volontaires, de tout signal temporel ou *zeitgeber* (littéralement « donneur de temps »), on peut déterminer si un rythme observé chez l'homme correspond à une réponse passive à son environnement ou bien s'il s'agit d'un comportement contrôlé par une horloge biologique. Plusieurs centaines de ces volontaires ont été mis en observation, certains dans des grottes des Alpes suisses, d'autres dans des bunkers protégés des champs électromagnétiques en République fédérale d'Allemagne, ou dans des appartements spécialement aménagés à l'Université de Stanford et dans le Bronx à New York. Ces volontaires ont été placés hors du temps — sans horloge ni bracelet-montre, sans fenêtre, sans radio ni télévision, sans téléphone — dans des conditions similaires à l'expérience des plantes de de Mairan.

J'ai eu la chance, comme d'autres chercheurs sur le sommeil de l'Université de Stanford, d'assister aux débuts du Laboratoire de Chronophysiologie Humaine de l'Hôpital Montefiore dans le Bronx, dirigé par les Drs Elliot Weitzman et Charles Czeisler. Au 5e étage d'une des ailes de ce vieil hôpital avaient été aménagées trois pièces spéciales, insonorisées : deux chambres et une pièce d'observation entre les deux. Des volontaires, sélectionnés avec soin, venaient vivre pour une période de un à six mois dans les chambres sans pendule ni fenêtre.

De grands écriteaux invitent les femmes de ménage, les infirmières et les techniciens à se tenir à l'écart. A cette époque, une de mes fonctions consistait à sélectionner des personnes considérées comme normales, mais suffisamment cinglées pour vivre dans un tel environnement ! En quelques années, tout un échantillon de sujets âgés de 20 à 80 ans a été testé — étudiants, ouvriers, journalistes, artistes... Toute personne « stable » ayant une bonne raison de vouloir « fuir le monde extérieur » pour quelques mois était considérée comme un bon candidat. C'était aussi, pour eux, l'occasion de gagner quelques centaines de dollars par semaine sans être tentés de les dépenser. Un des sujets, resté six mois dans la chambre expérimentale, a pu poursuivre partiellement ses études, tout en étant logé et nourri gratuitement ; mieux, son université considéra l'expérience comme un stage d'étude. Comme on peut se l'imaginer, la plupart des sujets n'ont pas été jusqu'au bout de la durée qu'ils s'étaient fixée, bien qu'étant libérés de leurs obligations sociales.

Pendant l'expérience, les volontaires pouvaient communiquer

librement avec les membres du personnel — une vingtaine au total. Afin d'éviter que les sujets puissent se faire une idée de l'heure, les techniciens et les médecins suivaient des horaires de travail complètement irréguliers, fixés par ordinateur. Il était bien sûr interdit au personnel de porter un bracelet-montre, de dire « bonjour » ou « bonne nuit » ; seulement « salut » était autorisé. Les hommes devaient se raser avant d'entrer dans la pièce pour supprimer toute trace de « barbe du soir ». La radio et la télévision étaient proscrites. Seuls des journaux ou des magazines périmés étaient autorisés. Dans les limites de ces contraintes, les sujets étaient libres d'organiser leur temps comme ils l'entendaient : lecture, travail, exercice physique, musique...

Bref, tout était fait pour assurer le maximum de confort aux volontaires sans leur donner le moindre indice horaire : pendule, comportements révélateurs, lumière du jour, obscurité de la nuit. Depuis la chambre d'observation, les techniciens pouvaient faire des mesures physiologiques continuelles : petits prélèvements sanguins toutes les vingt minutes pour des dosages hormonaux ; prise chaque minute de la température ambiante, rectale et cutanée ; mesure heure par heure de l'éveil du sujet et de ses capacités ; enregistrement de son activité cérébrale à chaque phase de sommeil. Malgré cette très grande quantité et fréquence de tests, les sujets en observation finissent par s'habituer à leur environnement et par avoir une vie à peu près normale.

L'expérience, en elle-même, est plutôt simple, comparée aux préparatifs destinés à garantir sa fiabilité. Pendant la première phase de l'expérience, les vingt premiers jours, le volontaire doit essayer de dormir à la demande des expérimentateurs. La période de sommeil imposée débute à minuit, heure à laquelle les lumières de la pièce sont éteintes et se termine à 8 heures du matin. Les lumières sont alors rallumées et le volontaire est réveillé. Pendant la période d'éveil, donc de 8 heures du matin à minuit, le volontaire est libre de l'organisation de sa journée.

Passé ces vingt jours, le sujet décide lui-même de son coucher et de son réveil, en évitant cependant de faire une sieste et en ne dormant qu'une fois par jour.

Quels horaires le sujet choisit-il dans ces conditions ? Curieusement, le résultat de l'expérience est identique pour presque tous les individus étudiés : ils se couchent et ils se lèvent une heure plus tard. La période de sommeil, initialement de minuit à 8 heures, passe ainsi de 1 heure à 9 heures le premier jour, de 2 heures à 10 heures le deuxième et ainsi de suite. Après plusieurs semaines, les sujets dorment de 4 heures de l'après-midi à minuit. Le technicien de garde qui espère, lui, ne pas être dérangé de la nuit, se voit alors obligé de préparer deux œufs au plat et de servir un petit déjeuner à minuit et demi.

Après avoir pris son petit déjeuner à 1 heure du matin et lu quelques pages d'un vieux numéro du *New York Times,* le sujet organise sa journée de travail pour se coucher finalement à 5 heures de l'après-midi. La plupart des sujets disent se sentir mieux éveillés, plus dynamiques et plus performants que quand ils se soumettent aux horaires de vie habituels.

En conclusion, délivré de tout indice temporel, l'être humain a un cycle interne journalier de 25 heures. Cette observation vaut non seulement pour l'alternance veille-sommeil, mais aussi pour les modifications de la température corporelle, des sécrétions hormonales, des capacités physiques et psychiques. Cette dérive naturelle est appelée « échappement ». En s'adaptant à la journée de 25 heures, les sujets augmentent légèrement leur temps de sommeil à environ 8 heures et demie. Ainsi, pour une journée de 25 heures, le rapport durée de veille/durée de sommeil reste égal à celui d'une journée de 24 heures : un tiers du temps est consacré au sommeil et deux tiers aux activités éveillées. Avec des sujets humains, on aboutit aux mêmes conclusions que de Mairan avec ses plantes : en vivant dans un espace intemporel, ces deux types d'organismes retrouvent la durée biologique de leur cycle journalier (voir figure 1.2).

Voici un extrait du journal de Preston Koegh, l'un des volontaires de cette expérience :

« Après avoir passé quatre ans à l'université, je n'avais pas un sou et c'était pour moi l'occasion de me faire de l'argent. Il était pratiquement impossible de dépenser de l'argent dans l'appartement mais j'ai fini par trouver un moyen de le faire. Je me suis abonné au *Wall Street Journal.* Je le recevais en retard et ne pouvais donc pas jouer à la Bourse, mais j'ai dépensé beaucoup d'argent en divers achats et services par correspondance.

Je tuais le temps en lisant et en travaillant beaucoup. J'en ai fait plus en un mois qu'en un semestre à l'extérieur.

Je pensais qu'il était important de garder une certaine routine quotidienne pour conserver une bonne hygyène de vie. Je me rasais donc chaque jour et portais constamment une chemise et une cravate. L'un de mes plus grands problèmes était de garder marqué le pli de mes pantalons en laine. Alors parfois, je me promenais en short avec ma chemise et ma cravate !

On m'avait dit qu'on voulait créer un environnement normal et donc supprimer l'alcool, le sexe et la drogue. A la fin de l'expérience, je leur ai expliqué que je recommencerai bien avec ces trois

Figure 1.2 - Soustrait aux signaux temporels de son environnement, l'homme préfère se coucher chaque jour une heure plus tard. On appelle cette tendance à dériver l'*échappement*.

choses en plus et qu'ils pourraient enregistrer tout ce qu'ils voudraient. Ils ne m'ont toujours pas recontacté.

Parfois je me sentais prisonnier, troquant ma jeunesse contre de l'argent. Mais je n'avais pas le sentiment de devenir fou, même si d'autres pouvaient le penser. En fait, j'aime bien me sentir cloîtré. J'étais heureux comme une huître. Eux, ils étaient un peu bizarres, davantage intéressés par mon urine que par les rêves insensés que je pouvais faire.

Ils prélevaient mon sang tous les quarts d'heure. J'avais un cathéter dans le bras et une sonde anale, le tout accroché à un pôle mobile. Les premiers jours, c'était un peu pénible, mais après une semaine, je n'y pensais plus. C'était comme avoir une sorte d'appendice.

Ils m'ont dit qu'ils cherchaient à savoir quelle serait la durée d'une journée idéale pour établir les horaires à bord des sous-marins ou des capsules spatiales. Ils restaient très vagues, disant qu'ils m'expliqueraient après. Pendant l'étude, je n'y pensais pas du tout. On ne m'avait encore jamais payé pour dormir et ça me plaisait bien. Ils m'ont dit de ne pas chercher à savoir l'heure ou la date, en me précisant que le personnel avait des horaires irréguliers déterminés par ordinateur. Je n'ai donc jamais cherché à savoir l'heure, je ne l'ai jamais su et ça ne m'a jamais préoccupé. Une fois seulement, un technicien est entré avec une odeur de sandwich au thon et les yeux rouges. Je lui ai dit : "c'est dur la nuit, n'est-ce-pas ?"

Je n'étais pas coupé des gens. Ils auraient seulement pu avoir plus de femmes dans leur personnel. Parfois je jouais aux échecs avec eux, mais comme je gagnais toujours, ils ont fini par se lasser. Pour la fin de l'expérience, il y avait une petite fête. Une de mes anciennes petites amies était là. J'avais du mal à apprécier les distances. Moi qui pouvais voir à 10 km, mon horizon s'était limité à 5 m pendant tout ce temps ! Nous sommes allés dans le centre de New York, je me suis fait couper les cheveux, puis nous avons fait des choses qui m'étaient interdites depuis longtemps.

Un chercheur me parla des horloges biologiques et je reçus cinq ou six mille dollars. J'étais resté enfermé cent deux jours. La plus longue expérience en Amérique du Nord jusqu'à ce qu'ils aient gardé un dingue pendant six mois ! »

Pourquoi notre journée biologique est-elle de 25 heures ? Pourquoi cette différence d'une heure avec la rotation de la Terre ? Il n'existe pas de réponse claire à ces questions. Chaque espèce animale étudiée possède son « jour biologique » propre : celui de l'écureuil volant est de 23 heures, celui du singe de 24 heures et demie. Ce décalage constitue peut-être un avantage sélectif : notre horloge de 25 heures nous impose de développer notre adaptabilité aux variations saisonnières de la durée des journées ou aux variations de la luminosité. Il se pourrait qu'une espèce ayant un cycle journalier de 24 heures soit incapable de moduler ses activités quotidiennes lors des changements de la durée du jour hivernal ou estival.

Bien que notre horloge biologique soit réglée sur 25 heures, elle réagit aux signaux temporels du monde extérieur. Ainsi nous pouvons éviter la dérive naturelle de notre cycle journalier en nous synchronisant sur la journée de 24 heures à l'aide d'horaires de sommeil et de travail fixes, de réveille-matin, de la lumière du jour ou de toute autre habitude quotidienne. Si les signaux temporels de notre environnement varient, comme c'est le cas lors de vols intercontinentaux ou avec des horaires de travail variables, nos rythmes biologiques suivent alors le phénomène d'échappement comme dans l'appartement intemporel du Bronx.

Faisons maintenant une pause afin de définir quelques termes et de mentionner quelques résultats d'études de rythmes biologiques.

La *chronobiologie* est la science qui étudie les rythmes des êtres vivants d'origine biologique. Elle est basée sur la mesure répétitive de phénomènes physiologiques spontanés. Les rythmes biologiques les mieux étudiés sont les rythmes *circadiens* basés sur une journée (*circa*, du latin « autour », *dien*, du latin *dies*, « jour »). Les cycles *infradiens* sont ceux qui durent un mois ou plus. Ils comprennent le cycle menstruel chez les femelles adultes, ainsi que le cycle saisonnier *circannuel* d'hibernation (d'un an) présent chez certains mammifères. Ces cycles sont souvent difficiles à mesurer car un cycle complet peut durer plusieurs années. Les rythmes *ultradiens,* tels que le rythme cardiaque ou la respiration, ont des cycles beaucoup plus courts que 24 heures. Ces rythmes biologiques ne doivent pas êre confondus avec les biorythmes.

L'étude des rythmes biologiques est à l'étude des biorythmes ce que l'astronomie est à l'astrologie. L'étude des biorythmes n'est pas une science ; il s'agit de la prévision de certains événements de la vie d'un individu, en s'appuyant sur la date et l'heure de sa naissance. Cette théorie postule l'existence d'un cycle intellectuel de 33 jours, d'un cycle émotionnel de 28 jours et d'un cycle physique de 23 jours.

En fonction de l'interaction de ces trois cycles, cette méthode prétend prévoir les capacités d'un individu. Mais en analysant avec une méthodologie scientifique les circonstances d'un grand nombre d'accidents, de décès et les résultats de compétitions sportives, on observe que les prédictions de la théorie des biorythmes ne correspondent en rien à la chronologie des événements étudiés.

Pendant les années 1960, certains scientifiques considéraient encore que le phénomène de Mairan n'était pas une preuve formelle de l'existence d'un système biologique de mesure du temps. Selon eux, des stimuli subtils causés par la rotation de la Terre (tels que des champs électromagnétiques ou des rayonnements cosmiques) auraient pu tout aussi bien servir d'indices temporels pour les organismes vivants. Pour éliminer la possibilité de tels effets, des chercheurs ont étudié, au pôle Sud, des hamsters, des drosophiles et des plantes placés sur une table en rotation inverse de la Terre. Tous ont conservé leur comportement rythmique. Aujourd'hui, peu d'éléments militent en faveur de l'existence de forces géophysiques gouvernant des signaux temporels, en revanche de nombreuses études ont démontré que les horloges biologiques sont transmises génétiquement. De futures expériences dans l'espace permettront un jour d'établir définitivement la preuve de l'existence d'horloges biologiques endogènes (internes).

CHAPITRE II

PROGRAMMER SON HORLOGE BIOLOGIQUE

Tous les matins, il se lève à 4 h 45 pour partir tôt au travail. A 5 h 30, il a fait sa gymnastique, pris sa douche, son petit déjeuner et roule déjà vers son bureau. A 8 h 30, ce cadre supérieur est au mieux de sa forme.

Elle est journaliste et présente le journal de 23 h à la télévision. Elle se couche à 3 h du matin, se lève à midi et part travailler à 4 h de l'après-midi. Elle est nocturne comme une chouette ; lui, est matinal comme une alouette. Ils attendent avec impatience le week-end pour être ensemble.

Les chouettes ou alouettes authentiques ne représentent qu'environ 10 % de la population. La majorité d'entre nous vivent une situation intermédiaire*. Nous pouvons nous lever tôt ou nous coucher tard pendant quelques jours sans trop altérer nos capacités. Ce sont généralement nos horaires de travail et de sommeil qui nous poussent à vivre comme l'alouette ou comme la chouette. Lorsque l'on s'habitue à des horaires de travail tardifs, tous les cycles biologiques se synchronisent en conséquence.

La cohabitation entre lève-tôt et couche-tard pose souvent des problèmes, qu'il s'agisse d'un couple, d'amis partageant une chambre, etc. Les lève-tôt voient les couche-tard comme des paresseux. Les couche-tard voient les lève-tôt comme des rabat-joie. Or chacun essaie d'organiser sa vie en fonction de ses capacités d'éveil, des heures où elles sont les meilleures. Les couche-tard vont travailler toute la nuit avant un examen alors que les lève-tôt seront debout à l'aube pour réviser une dernière fois, le jour même de l'épreuve. Mais quelles sont les relations entre nos capacités d'éveil et nos horloges biologiques ?

Considérer que notre activité diurne dépend uniquement de notre temps de sommeil — c'est-à-dire croire que nous sommes

* Voir dans l'appendice le test de la chouette et de l'alouette.

fatigués ou inefficaces dans nos activités quotidiennes à cause d'un manque de sommeil — est une erreur fréquente. La relation entre sommeil et activité diurne est complexe : nos performances quotidiennes dépendent non seulement de la quantité de sommeil que nous prenons mais aussi de notre rythme circadien. Même en l'absence prolongée de sommeil, nos rythmes circadiens provoquent des pics d'éveil.

Afin d'établir une corrélation entre les capacités quotidiennes et l'horloge interne, il faut d'abord définir une méthode fiable permettant de connaître l'horaire interne propre à l'organisme.

La fluctuation quotidienne de la température centrale du corps humain est un des premiers rythmes biologiques à avoir été soigneusement étudié. Dès 1778, J. Hunter montre que le sommeil s'accompagne d'une chute de la température corporelle de 2,7 °C. Deux hypothèses peuvent expliquer ce phénomène : l'absence d'activité physique ou bien l'existence d'une horloge interne capable de baisser — ou d'augmenter — la température du corps. Ce n'est qu'au milieu du XXᵉ siècle qu'une réponse est apportée grâce à des expériences complexes permettant d'étudier l'effet de l'exercice physique ou de diverses activités, de l'alcool et d'horaires de sommeil diurnes sur le cycle de la température corporelle. Le Dʳ Nathaniel Kleitman, père de la recherche moderne sur le sommeil, est l'un des pionniers de ce type d'expérience. Il a notamment montré que chez un sujet couché, mais maintenu éveillé toute une nuit, la température corporelle chute comme chez un sujet endormi. De plus, chez un sujet maintenu éveillé la nuit et dormant le jour, le rythme de la température interne finit par s'inverser, c'est-à-dire augmenter la nuit et baisser le jour pendant son sommeil. Ces résultats suggèrent qu'une horloge biologique contrôle le cycle de la température corporelle chez l'homme et qu'elle peut être réglée sur un autre horaire conditionné.

Plus récemment, un ensemble particulier de neurones a été identifié chez l'homme et reconnu comme le principal centre de contrôle de l'horloge biologique. Actuellement, il est impossible d'accéder directement à ce mécanisme pour déterminer quelle heure affiche l'horloge interne dans l'organisme.

Cependant, en observant certaines de ses « fonctions », comme le rythme de la température interne par exemple — ce qui est simple à mesurer — ou le rythme de certaines sécrétions hormonales, il est possible de déterminer de nombreux repères de ce temps biologique. Une comparaison simpliste de cette approche serait de lire l'heure en regardant les aiguilles d'une pendule sans voir ou comprendre son mécanisme d'horlogerie. Par exemple, si votre température corporelle est maximale durant la journée, votre horloge biologique est réglée pour que vous soyez éveillé pendant la journée. Chez la plupart des individus, actifs pendant la journée et fatigués le soir, le maximum de température se situe en fin d'après-midi.

Malheureusement, mesurer le temps biologique est plus compliqué que prendre sa température en fin d'après-midi. Un bain chaud, une glace, un jogging peuvent modifier rapidement la température de notre corps. En conséquence, notre rythme circadien (journalier) doit être étudié sur une longue période pour révéler ses fluctuations. Plusieurs stratégies d'études sont possibles : une des plus fiables consiste à mesurer la température corporelle à intervalles rapprochés pendant plusieurs jours. Une autre approche consiste à mesurer d'autres processus physiologiques, telles que les variations du taux de certaines hormones dans le sang moins susceptibles d'être modifiées par des facteurs extérieurs comme ceux qui jouent sur la température corporelle.

Les Drs Laughton Miles et Elliot Weitzman ont conçu un appareil pas plus gros qu'un petit walkman, capable d'enregistrer à la fois la température corporelle, les rythme cardiaque et l'activité d'un sujet au cours de ses occupations quotidiennes. L'analyse par ordinateurs des données enregistrées permet d'obtenir un profil de variations des paramètres étudiés, correspondant au temps biologique du sujet.

Nathaniel Kleitman décrit une relation étroite entre le cycle de la température corporelle qui reflète le temps biologique et les fluctuations de l'éveil et des performances. Si un individu reste éveillé 24 heures, ses performances sont au maximum vers la mi-journée, au minimum entre 3 et 5 h du matin et augmentent de nouveau vers 6 h du matin malgré la nuit blanche. Souvent, les gens qui travaillent ou qui font la fête toute la nuit sont surpris de ressentir une nouvelle vigueur à l'aube. Ceux qui, la nuit, répondent au téléphone, lisent des indications sur des cadrans, additionnent des chiffres, surveillent des écrans de contrôle, des signaux d'alarme, des radars, bref, tous ceux qui font une tâche répétitive et fastidieuse commettent plus d'erreurs aux heures où le cycle interne de l'organisme est au plus bas. En revanche, les travaux demandant de courts moments d'intense concentration sont moins affectés par les rythmes circadiens. Par exemple, si le feu se déclare chez vous à 3 h du matin, vous réagirez certainement avec beaucoup d'énergie et d'efficacité. La mémorisation est elle aussi meilleure très tôt le matin lorsque la température du corps est au plus bas. Enfin, nos performances peuvent chuter après le déjeuner, un phénomène dont nous parlerons au chapitre 8.

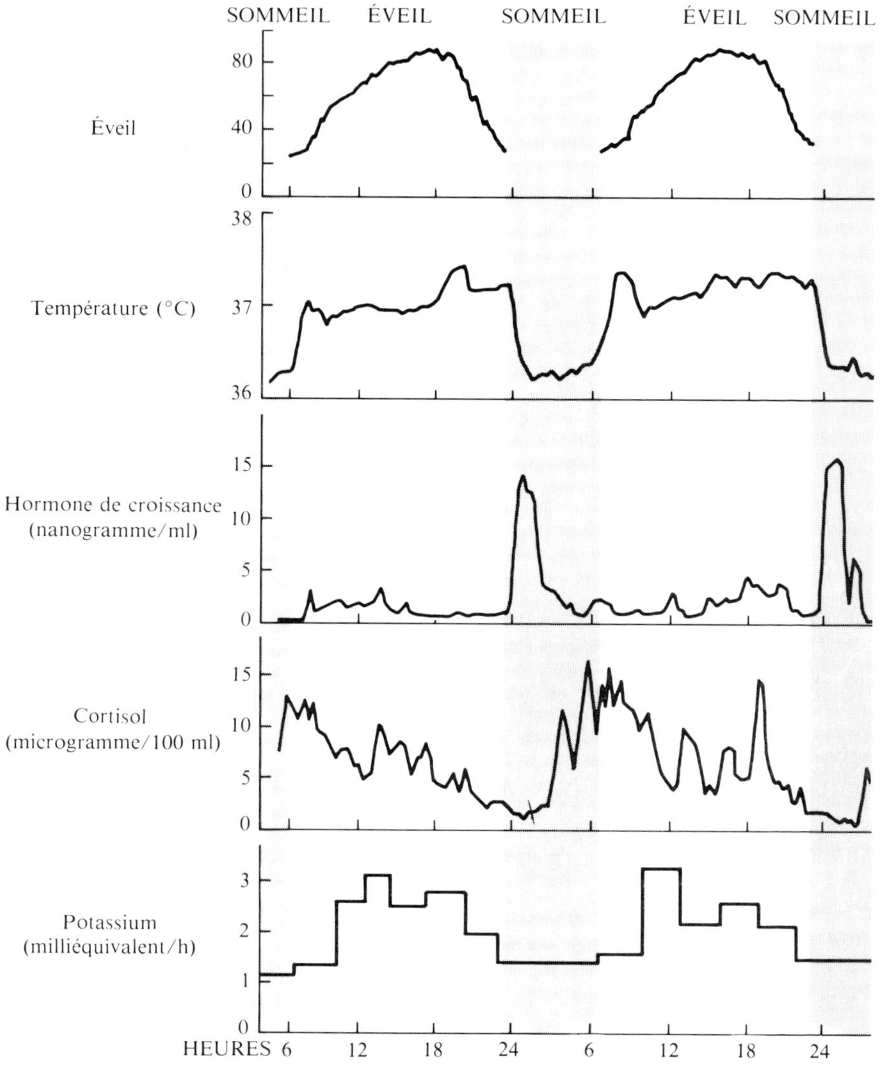

Figure 2.1 - Cycles circadiens de quelques fonctions physiologiques pendant deux jours.

Nos horloges internes

Le profil des rythmes biologiques d'un homme travaillant le jour permet une meilleure connaissance du fonctionnement des horloges internes. De même que le mouvement des aiguilles d'une pendule, nos rythmes biologiques sont conditionnés par notre horloge interne. La figure 2-1 représente les rythmes d'éveil, de température corporelle, de sécrétion d'hormone de croissance, de sécrétion de cortisol (une hormone intervenant dans le stress) et de l'excrétion du potassium chez un homme travaillant le jour. Chacune de ces fonctions physiologiques suit son propre cycle sur une période de 24 heures. Le jour, pendant l'éveil, la température corporelle s'élève alors que la nuit, pendant le sommeil, elle descend de 3,5 à 5,5°C. Le cycle d'éveil est synchrone de celui de la température. Ainsi, nous sommes mieux éveillés lorsque notre température est au plus haut et nous avons sommeil lorsqu'elle est au plus bas. Le taux d'hormone de croissance suit un cycle inverse, élevé la nuit, bas le jour. De même, le cortisol et le potassium ont aussi leur cycle propre qui se répète quotidiennement. Notre horloge biologique contrôle l'ensemble de ces cycles depuis notre cerveau. Tant que nous suivons un mode de vie régulier, elle s'occupe de tout.

En revanche, imposer à son horloge interne de s'adapter à un nouveau rythme de vie — se mettre à travailler la nuit ou partir en avion pour une destination lointaine — peut constituer une contrainte pénible pour l'organisme. On est alors fatigué lorsqu'il faut se mettre à travailler et bien réveillé à l'heure d'aller se coucher. La figure 2-2 montre comment l'horloge interne d'un travailleur pratiquant les trois-huit se comporte lorsqu'il reprend la tranche horaire de la nuit après deux jours de repos. Même si ce travailleur s'active entre minuit et 8 h du matin, son horloge interne

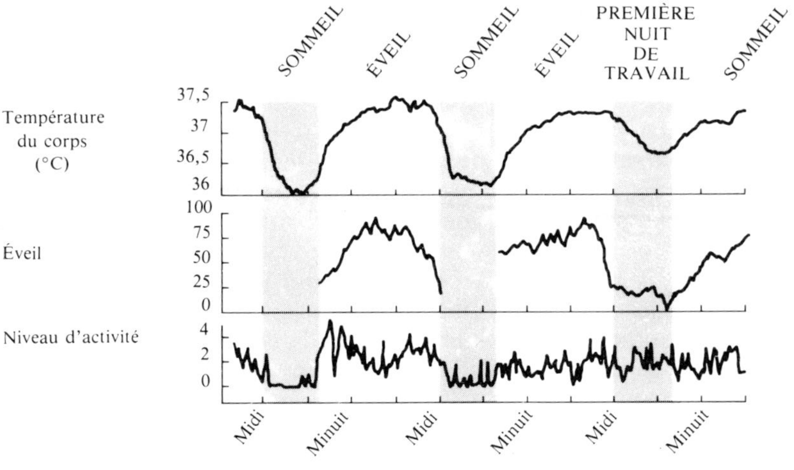

Figure 2.2 - Cycle d'éveil et de sommeil d'un travailleur passant en brigade de nuit.

provoque une baisse de la température corporelle qui lui communique l'envie de dormir. En se couchant à la maison vers 9 h, il n'arrive pas à trouver le sommeil parce que son horloge biologique est réglée pour qu'il soit éveillé et alerte à cette heure. Avec le temps, le rythme éveil-température finit par s'inverser ; l'ouvrier est alors bien réveillé à minuit et prêt à se coucher à 9 h. Dans certaines limites, notre horloge interne s'adapte aux variations de notre emploi du temps.

Pilotage automatique

La rapidité de nos réflexes au volant est une de nos performances les plus familières. Les accidents de poids lourds isolés — tonneaux, sorties de route, tête-à-queue, accrochages avec un obstacle fixe — augmentent de 700 % entre minuit et 8 h du matin avec un paroxysme entre 3 et 6 h. Ce chiffre est d'autant plus impressionnant qu'il y a moins de poids lourds sur les routes la nuit que le jour. Selon le Bureau des Transports des États-Unis, ces accidents surviennent lorsque les conducteurs se mettent à « piquer du nez », au moment où le cycle biologique est au plus bas.

Un groupe de chercheurs allemands a élaboré une expérience afin d'étudier les performances au volant la nuit. Un conducteur doit parcourir un itinéraire constitué de 50 km de routes de campagne suivis de 100 km d'autoroute, puis de 50 km de petites routes de nouveau. La moitié du test se déroule donc sur autoroute à 110 km/h. Des électrodes placées sur la tête et près des yeux du conducteur permettent d'enregistrer sur bande magnétique son activité cérébrale et le clignement de ses paupières pendant ces 200 minutes de conduite de nuit. Lors d'une période d'éveil normale les ondes cérébrales ont un aspect caractéristique et les battements des paupières sont fréquents.

Les résultats de cette expérience mettent en évidence une période particulière de 20 minutes, caractérisée par l'absence de tout clignement des paupières, les yeux étant soit grands ouverts, soit clos. Pendant cette phase, le cerveau dort. Etant donné l'absence d'accident, on en déduit que le conducteur filait à 110 km/h les yeux ouverts mais le cerveau endormi, les mains agrippées au volant. Cet état particulier de la conscience — au cours duquel le cerveau sommeille mais un faible niveau d'activité persiste — est appelé *comportement automatique* ou *pilotage automatique*. Pendant cet état, un opérateur aux commandes d'une machine ou d'un véhicule est incapable d'anticiper un événement. Si une alarme — une sirène de police — retentit, il est probable que le conducteur se réveillera et qu'il sera de nouveau prêt à réagir correctement. Cependant, dans de nombreuses situations, rester bien éveillé et prévoir les événements devient critique. Interrogé après l'expérience, le conducteur avoue avoir eu des difficultés à maintenir son attention pendant cette période de 20 minutes.

Le comportement automatique n'est pas limité à la conduite automobile. Une expérience suédoise réalisée avec des conducteurs de locomotive, dont on enregistre l'activité cérébrale pendant un trajet de 5 heures sur 320 km, montre que 65 % d'entre eux sommeillent la nuit contre 13 % seulement le jour. Ces résultats suggèrent que la cause du comportement automatique n'est pas la monotonie mais bien l'incapacité des rythmes biologiques à s'adapter à une activité nocturne. Par conséquent, les accidents ferroviaires relatés au début de ce chapitre étaient prévisibles.

Une forme extrême du comportement automatique, la paralysie nocturne, est décrite par des infirmières qui l'ont ressentie. Il s'agit d'une incapacité à faire de grands mouvements avec le corps, accompagnée d'une sensation de paralysie apparaissant au cours de tâches sédentaires telles que la lecture ou l'écriture. Pendant quelques minutes, ces infirmières ont été incapables de se lever pour faire quoi que ce soit. On rapporte que des analystes programmeurs, travaillant la nuit et tombant dans un état de comportement automatique, sont capables de faire tourner continuellement des programmes très coûteux, grossissant considérablement les dépenses de service jusqu'à ce qu'ils se réveillent le matin ! Le comportement automatique existe également chez certains patients atteints de troubles du sommeil accompagnés d'une baisse de l'état d'éveil.

Dormir à l'heure

Il n'existe pas de technique simple pour mesurer les rythmes circadiens de chacun, toutefois quelques grands principes valent pour tout le monde. On peut laisser son horloge interne suivre son propre cycle, ou la régler sur un horaire particulier dans certaines limites. Par exemple, il est facile de dormir tous les jours de 23 h à 7 h du matin et de conserver ce rythme indéfiniment. Notre horloge peut alors aisément s'adapter à un rythme de 24 heures. Pour éviter le phénomène d'échappement et d'ajustement sur un rythme journalier de 25 heures, nous utilisons des réveille-matin réglés chaque jour sur la même heure, ce qui nous pousse à nous coucher à un horaire régulier tous les soirs. Si vous essayez de vous coucher une heure plus tôt (10 h), vous aurez sans doute un peu de mal à vous endormir, comme la plupart des gens, car cela équivaut à avoir une journée de 23 heures. Passé cette limite, notre horloge biologique n'arrive pas à s'ajuster sur des journées de 22 ou de 21 heures. Ainsi, si vous allez vous coucher à 9 h ou 8 h du soir, il vous sera certainement impossible de vous endormir rapidement. Pour un même raisonnement, se coucher plus tard que d'habitude revient à suivre une journée de plus de 24 heures. Or, comme notre cycle naturel est de 25 heures, il est plus facile de rester éveillé tard que de se coucher tôt. En général il est possible d'avancer ou de retarder son horloge interne de 2 heures chaque jour, et de vivre confortablement des journées de 23 ou de 27 heures.

Pendant le week-end, beaucoup de gens laissent dériver leur cycle journalier. En supprimant le réveille-matin et en l'absence d'horaires de travail, nous perdons les principaux *zeitgebers* qui nous synchronisent sur un cycle de 24 heures ; c'est un peu comme de vivre dans un environnement intemporel.

Nombreux sont ceux qui se couchent vers minuit le vendredi soir et se lèvent à 8 h le samedi matin, puis se couchent à 2 h le samedi soir et se lèvent à 10 h le dimanche matin. Si notre horloge biologique tournait sur 23 heures, il serait beaucoup plus naturel de se coucher tôt et de se lever tôt le week-end plutôt que de faire la grasse matinée.

La déprime du lundi matin

Le problème du décalage du week-end surgit avec le commencement d'une nouvelle semaine de travail. Le dimanche soir, les fêtards du week-end essayent de retrouver leur horaire de sommeil habituel de 11 h du soir à 7 h du matin. Mais retarder son rythme veille-sommeil de 3 heures équivaut à suivre une journée de 21 heures. Ce décalage est difficile à suivre pour notre horloge naturellement programmée pour un cycle de 25 heures. Résultat, le dimanche soir, nombreux sont les gens couchés à une heure habituelle mais incapables de dormir. Ils savent qu'il est difficile de vouloir dormir trois heures plus tôt au milieu de la semaine, mais ne réalisent pas que cela l'est tout autant le dimanche soir.

Beaucoup d'insomniaques décrivent la nuit du dimanche comme la pire de la semaine. Pour certains, l'insomnie a même débuté la nuit du dimanche avant de gagner toutes les autres. Normal de ne pas pouvoir s'endormir si notre horloge interne est programmée pour nous maintenir éveillé ; pas étonnant non plus que notre esprit reste actif, préoccupé par le travail du lendemain. Après avoir cogité 3 heures sur la semaine à venir, il est souvent difficile

Notre horloge biologique est en fait un groupe de neurones dans notre cerveau qui contrôle nos rythmes physiologiques quotidiens.

de trouver le sommeil, même si notre horloge interne indique alors qu'il est temps de dormir.

La « déprime du lundi matin » est l'une des conséquences les plus courantes de ces modifications du cycle au cours du week-end. Se lever à 7 h équivaut dans ces conditions à se lever à 4 h du matin en semaine au moment où le cycle interne est au plus bas. On comprend pourquoi les gens se plaignent d'être mal et fatigués le lundi matin — à une heure où l'organisme dormait au cours des deux jours précédents. La déprime du lundi matin diminue progressivement à mesure que se rétablit au cours des jours suivants un cycle veille-sommeil régulier.

Temps biologique et temps de sommeil

Des centaines de fonctions physiologiques, depuis la respiration jusqu'au flux de globules rouges en passant par les métabolistes urinaires, suivent un rythme circadien. Lors d'un travail effectué tantôt la nuit, tantôt le jour ou lors d'un vol intercontinental — de même que dans un environnement intemporel — les signaux marquant le temps manquent ou sont faussés et l'organisme tombe dans un état de *désynchronisation interne.* Les rythmes physiologiques habituellement synchrones se déphasent. Les périodes de sommeil peuvent, par exemple, se superposer au maximum du cycle de la température corporelle au lieu du minimum en période normale. Travailler, étudier, faire un effort physique ou intellectuel peut être nécessaire lorsque les capacités d'éveil sont au plus bas. La sécurité de l'individu ou de la collectivité peut être alors mise en jeu. Étudier la désynchronisation interne a permis de confirmer que la durée du sommeil est en grande partie déterminée par l'horaire interne propre à l'organisme. Croire que cette durée dépend uniquement du temps de veille antérieur, tout comme penser qu'il faut dormir beaucoup plus longtemps que d'habitude quand on n'a pas dormi la nuit précédente sont des erreurs courantes. Des expériences de privation de sommeil montrent qu'il en est tout autrement.

En 1965, le groupe de Stanford dirigé par le Dr William Dement a étudié l'extraordinaire performance de Randy Gardner : ce lycéen a réussi à battre le record mondial d'éveil ininterrompu qui était alors de 260 heures. Sous une surveillance étroite, il est resté éveillé 11 jours, soit 264 heures d'affilée. La façon dont il a récupéré son temps de sommeil est surprenante. Le dernier jour, en fin d'après-midi, Randy s'est couché à 18 h 12, s'est endormi aussitôt et s'est réveillé le lendemain matin à 8 h 52 après 14 heures et 40 minutes, sans avoir récupérer tout son sommeil en retard. Il est alors resté debout 24 heures avant de reprendre un sommeil nocturne normal de 8 heures [1].

Les volontaires soumis à une désynchronisation interne par privation de sommeil peuvent facilement dormir 14 heures et 30 minutes si leur horloge biologique est réglée pour cela. Le temps de sommeil est plus long s'il débute quand la température corporelle est au plus haut de son cycle et commence à décroître ; et il est plus court s'il débute quand la température corporelle est au plus bas et commence à augmenter.

Lorsque nous nous couchons à l'aube après une nuit de fête nous observons la même chose. Après être resté éveillé 24 heures d'affilée, nous espérons en général dormir plus longtemps que nos 8 heures de sommeil habituelles. En fait, dans ces conditions, nous ne dormons en général que 4 à 6 heures d'un sommeil de mauvaise qualité puisque tous nos cycles corporels sont réglés depuis plusieurs jours pour nous maintenir éveillé le matin.

Le sommeil perdu ne peut être retrouvé. Il n'y a pas de corrélation directe entre les heures de sommeil perdues et les heures de sommeil de récupération. La durée du sommeil dépend de deux facteurs : l'heure qu'il est pour l'organisme et le temps de privation de sommeil antérieur. Lorsque les horaires de sommeil sont réguliers et synchronisés avec des durées de veilles constantes et normales, la plupart des adultes dorment de 7 à 8 heures. Cependant, un individu habitué à des horaires de sommeil réguliers de 23 h à 7 h, qui reste debout toute la nuit et se couche à 7 h ou 11 h du matin dans une chambre sombre et tranquille (c'est-à-dire après 24 ou 28 heures de veille), ne dormira que 4 ou 5 heures. En revanche, si cette même personne reste éveillée jusqu'à 19 h, soit 36 heures d'affilée, elle dormira probablement 10 heures — soit jusqu'à 5 h du matin — parce qu'elle a commencé à dormir après le passage du maximum d'activité de son jour biologique.

L'alternance lumière-obscurité

La lumière du Soleil affecte notre humeur. Pendant l'hiver polaire, lorsqu'il fait nuit quasiment 24 heures sur 24, on observe une recrudescence de cas d'insomnie et d'« hystérie polaire », qui est un trouble de l'humeur. De même, le taux de suicide est plus important en décembre et en janvier. Ces symptômes ne sont pas propres aux esquimaux ; on les retrouve chez les immigrants installés dans ces régions depuis plus d'un an. Le manque de lumière solaire n'affecte pas uniquement notre psychisme mais sans doute aussi l'équilibre physiologique délicat de nos régulateurs biologiques.

Sous nos latitudes, la privation de lumière solaire peut exister dans des environnements particuliers — immeubles de bureaux modernes, centres de contrôle, certains services hospitaliers, prisons. Il en est de même pour les gens qui travaillent la nuit. Lorsque les journées diminuent, certains individus sont atteints de désordres affectifs saisonniers (D.A.S.). Ces syndromes englobent la dépression, le repli sur soi, la fatigue et la prise de poids. On attribue ce trouble à un dérèglement du cycle de sécrétion de la mélatonine. Normalement, cette hormone produite par la glande pinéale est secrétée uniquement pendant la nuit. La lumière du Soleil ou une lumière artificielle vive (2 000 lux environ ou dix fois l'intensité d'un éclairage intérieur courant) permettent de supprimer la secrétion nocturne de mélatonine. En exposant des patients atteints de D.A.S. à une lumière intense, de 3 à 5 heures par jour en plein hiver (en pratique, les patients sont assis devant une lumière fluorescente intense), on provoque chez eux l'effet d'une journée printanière de 13 heures. Sur 34 patients ainsi traités, 30 étaient en rémission complète 2 à 4 jours plus tard. En jouant sur le temps d'exposition à la lumière vive, il est possible de faire varier le rythme circadien de sécrétion de mélatonine.

Si une telle approche paraît inhabituelle, la manipulation des rythmes circadiens par la lumière est pourtant utilisée couramment, pour modifier par exemple la croissance de certaines plantes ou influer sur certains comportements d'animaux — comme la production d'œufs chez les poules. Les plantes se basent sur la longueur des jours pour déterminer les saisons. Chez certains animaux, une brève exposition à une lumière intense pendant une phase d'inactivité dans la journée peut être interprétée par l'horloge biologique cérébrale commme le signal d'une nouvelle aube, et donc déclencher une période d'activité. Chez l'homme, il existe une connection nerveuse directe entre la rétine et l'hypothalamus où se situe l'horloge biologique. Ceci suggère que les effets de la lumière du jour sur le comportement sont purement d'ordre physiologique. Une lumière intense peut provoquer des insomnies chez des gens travaillant le jour mais peut, en revanche, aider les travailleurs de nuit à se synchroniser sur leurs horaires paradoxaux. L'éclairage artificiel peut même soulager les voyageurs souffrant de décalage horaire. Désormais, les médecins devraient questionner leurs malades sur leur « environnement lumineux » pour déterminer s'ils sont privés des repères lumineux nécessaires à une bonne synchronisation de leur horloge interne.

Les rythmes circadiens en médecine clinique

Pratiquement toutes les variables physiologiques de l'organisme suivent un rythme circadien détectable uniquement par des mesures rapprochées et répétées tout au long de la journée. Il n'est donc pas possible de déterminer par une seule mesure si la température corporelle ou si un taux d'hormone est normal. Par exemple, l'excrétion urinaire d'électrolytes est cinq fois plus importante de jour que de nuit, alors que le flux d'hormone de croissance suit un rythme inverse : faible la journée, il augmente fortement pendant les premières heures de sommeil. Les chronobiologistes ont établi des chronogrammes — des tables des valeurs normales pour un paramètre physiologique donné à chaque heure de la journée. En principe, un médecin pourrait comparer les mesures faites sur un patient à une heure donnée du jour avec les valeurs fournies par les tables. Mais ceci suppose que tous les individus aient les mêmes rythmes circadiens. Or, non seulement il existe des différences innées entre les individus, mais le cycle veille-sommeil peut modifier les rythmes physiologiques avant les mesures.

Certaines spécialités médicales accordent beaucoup d'attention aux rythmes circadiens. Le diagnostic de la maladie d'Addison (défaut de sécrétion des glandes surrénales) ou de la maladie de Cusking (excès de sécrétion des glandes surrénales) prend systématiquement en compte l'heure des prélèvements sanguins pour la mesure du cortisol plasmatique. En effet, la sécrétion du cortisol est maximale au petit matin avant l'éveil, et minimale le soir avant le coucher, pour un patient qui suit des horaires quotidiens réguliers. Cependant, les médecins ignorent souvent encore l'intérêt des dernières découvertes de la chronobiologie. Quoi de surprenant quand on connaît les traditionnels horaires des internes de médecine, astreints à des gardes qui ne tiennent pas compte de leurs propres rythmes biologiques.

La susceptibilité de l'organisme aux substances allergisantes, telles que la poussière, le pollen, aux produits chimiques irritants, aux toxines, aux médicaments suit un rythme circadien particulièrement marqué. Les effets de l'alcool sur le système nerveux et les performances psychomotrices sont aussi influencés par les rythmes biologiques. Les résultats expérimentaux montrent, en effet, que les gens actifs de jour se trouvent plus sensibles à 11 h du soir qu'à 7 h ou 11 h du matin.

Des études effectuées sur des animaux suggèrent que l'organisme est plus ou moins sensible aux chimiothérapies et aux radiothérapies anticancéreuses selon l'heure de la journée. La cytarabine, par exemple, utilisée dans le traitement des leucémies, provoque des effets différents selon qu'elle est administrée à des souris actives (phase d'éveil) ou calmes (phase de sommeil). Pour une même dose, la mortalité des souris passe de 74 % à 15 % selon le cas d'administration. De la même façon, des souris soumises à une dose identique de rayons X présentent un taux de mortalité variable selon le moment de l'irradiation : pendant leur sommeil, les souris meurent alors que pendant leur période d'activité, les souris survivent. Il est donc clair que l'efficacité d'un traitement dépend de l'heure à laquelle il intervient.

Le fait que la chimiothérapie affecte les cellules saines, en même temps que les cellules cancéreuses est un des problèmes majeurs dans le traitement du cancer. En fonction du cycle d'activité de la tumeur et des cellules du patient, il existe vraisemblablement un moment optimal pour administrer une chimiothérapie ou une radiothérapie. Les chronobiologistes aimeraient pouvoir déterminer le moment où les cellules cancéreuses sont les plus réceptives et les cellules saines les moins sensibles aux effets toxiques de tels traitements. Cela permettrait d'obtenir un effet thérapeutique maximal pour un minimum d'effets secondaires. De même que les substances anticancéreuses, de nombreux médicaments — antihistaminiques, anesthésiques, analgésiques, l'aspirine, les stéroïdes — provoquent des effets différents selon le moment de l'administration.

Chronologie des cycles de la vie

L'heure d'une naissance ou d'une mort peut dépendre de rythmes biologiques. Les contractions prénatales, par exemple, puis l'accouchement naturel se déroulent souvent entre minuit et 6 h du matin. Ce pic nocturne provient vraisemblablement des variations circadiennes de certains taux d'hormones. Les accouchements provoqués, en revanche, ont lieu principalement entre 10 h 30 et 17 h 30, reflet probable du rythme social — les obstétriciens préfèrent travailler le jour. Les fausses couches et les accouchements difficiles ont surtout lieu le jour. Les maternités devraient donc encourager les accouchements nocturnes et s'assurer que le personnel médical est en nombre suffisant à ces heures.

Il apparaît également que l'heure de la mort a un caractère cyclique. La majorité des décès ont lieu autour de 6 h du matin — heure à laquelle le sommeil paradoxal est très fréquent (voir chapitres 5 et 6) — parfois aussi autour de 4 h du matin. Il est encore impossible d'affirmer si ces observations répondent à un rythme physiologique ou si elles sont déterminées par des facteurs sociaux tels que la disponibilité des secours d'urgence ou des médecins de garde à certaines heures. Un phénomène rythmique peut être assimilé avec certitude à un rythme biologique seulement s'il se poursuit en l'absence d'indices sociaux.

Les cycles plus longs que les rythmes circadiens, dont nous avons parlé, sont beaucoup plus difficiles à mesurer et à relier à notre horloge interne.

La distribution des naissances au cours de l'année, étudiée avec précision par l'Organisation Mondiale de la Santé est un exemple de rythme circannuel ayant peut-être une origine biologique. Le nombre des naissances est, en effet, maximal la dernière semaine de juillet dans l'hémisphère Nord. On ignore s'il s'agit d'un rythme naturel de la fertilité. Les couples utilisant des contraceptifs n'ont pas le même « pic de fertilité » que ceux n'en utilisant pas. L'abstinence pendant certaines fêtes religieuses peut jouer également un rôle. D'autres études apporteront peut-être des réponses à ces questions.

La mortalité liée à certaines maladies suit aussi un rythme circannuel. Due aux maladies cardiovasculaires, elle est plus importante en hiver — janvier dans l'hémisphère Nord, juin dans l'hémisphère Sud. Mais si la mortalité est causée par des maladies respiratoires — asthme, bronchite, influenza, pneumonie — elle est plus forte en février dans l'hémisphère Nord et en juillet dans l'hémisphère Sud. Ces cycles sont vraisemblablement liés au froid hivernal — c'est la cause la plus évidente — mais peuvent provenir aussi d'un cycle biologique sous-jacent qui varie selon le mois de l'année.

De la même façon qu'on pensait que la lumière du Soleil commandait l'ouverture des feuilles des plantes de de Mairan, il peut être faux de dire que le froid est la cause de certaines maladies. Nos rythmes nous gouvernent sans doute plus qu'on ne le pense.

CHAPITRE 3

BRIGADES DE NUIT : LE CHOC DES HORLOGES

« Que vous travailliez
à la pièce ou à la journée,
diminuer les heures
augmente la paye. »
Slogan du Comité pour
de meilleurs horaires,
vers 1890.

L'espèce humaine est diurne — active le jour et endormie la nuit. Cependant, plus de vingt millions d'Américains se débattent avec des horaires de travail nocturne. Se débattre est le mot ! Le personnel des centrales nucléaires et des industries chimiques, les aiguilleurs du ciel, les médecins, les infirmières, les policiers, tous doivent travailler à toute heure du jour et de la nuit.

Le travail nocturne existe depuis très longtemps. Il a toujours fallu des hommes pour veiller la nuit à la sécurité de tous et sur la propriété. Or, cela n'a jamais été facile. A l'évidence, l'espèce humaine a évolué avec le besoin de dormir tous les jours, pendant le tiers de 24 heures et de préférence la nuit. Les travailleurs de nuit ont-ils sommeil ? Si oui, est-ce dangereux ? La réponse est claire : l'accident de la centrale de Three Mile Island, l'explosion à l'Union Carbide de Bhopal et la catastrophe de Tchernobyl ont tous eu lieu tard dans la nuit.

Tous les gens que j'ai pu rencontrer, travaillant la nuit ou en alternance d'horaires nocturnes et diurnes, se plaignent de leurs horaires. Quoi de surprenant ? Il est minuit, dans une cafétéria d'entreprise, cinquante salariés attendent que je leur fasse un exposé et se demandent ce qu'un docteur de Stanford peut bien avoir à leur raconter sur le travail de nuit. De mon côté, je m'interroge sur la façon dont ils vont recevoir mon message. Après une brève introduction du chef d'entreprise, je commence par la question suivante : « Qui a déterminé les horaires des équipes de nuit dans votre entreprise ? » Les réponses sont invariables : « quelqu'un qui n'a jamais travaillé la nuit », « la direction », « la secrétaire », etc. En réalité, personne n'a établi ces horaires. Ils reposent soit sur une tradition de l'entreprise transmise de génération en génération, ou copiés sur ceux d'une autre entreprise. Là où l'on travaille 24 heures sur 24, tout tourne autour des horaires de travail : les employés doivent trouver un baby-sitter, organiser les courses, les vacances, les loisirs... Le patron doit, lui, régler les problèmes de paye, de calcul des heures supplémentaires, de recrutement... Tous font des pieds et des mains pour se soumettre aux horaires, aussi mauvais soient-ils. Mais cette acceptation passive d'horaires traditionnels, cette somme de compromis, empêchent les deux parties de voir le fond du problème — l'horaire dont ils ont hérité.

Dans les années 1880, aux États-Unis, tous les opérateurs de nuit étaient des hommes car la Compagnie du Téléphone pensait qu'il était dangereux d'employer des femmes à ces heures-là !

1883 : une grande année pour le travail de nuit

1883 a été une année particulièrement importante pour le travail de nuit. Cette année-là, tout un quartier de New York fut éclairé grâce à l'ampoule électrique que venait d'inventer Edison. On disposait enfin d'une source d'éclairage constante qui ouvrait la voie à de grands bouleversements. Pour la première fois, il devenait possible de faire travailler un grand nombre de gens 24 heures sur 24. Pour l'industrie, il s'agissait là d'un formidable moyen d'augmenter la productivité et d'amortir plus rapidement les investissements, en doublant les heures de travail. Quant aux consommateurs, ils allaient pouvoir profiter d'un nombre croissant de services disponibles à toute heure du jour et de la nuit. Une nouvelle époque commençait : ce n'était plus le soleil mais les horaires de travail qui allaient régler l'activité et le sommeil des gens.

Plus que son énorme impact sur la société, l'ampoule d'Edison a perturbé le fragile équilibre de notre horloge biologique. Le siècle qui s'est écoulé depuis ne représente qu'une fraction de seconde sur l'échelle de l'évolution des espèces. Depuis des millénaires, l'horloge biologique des hommes s'est développée en harmonie avec l'environnement naturel pour pouvoir se synchroniser avec les variations subtiles de la longueur des jours — de 10 heures l'hiver à 14 heures l'été. Or soudain, l'homme impose à son organisme de s'adapter aux brusques changements d'horaires liés au travail de nuit.

Avant d'avoir la lumière artificielle, la plupart des grandes usines n'employaient qu'une seule équipe d'ouvriers ; ils travaillaient 11 heures par jour l'hiver et 14 heures l'été. Dans ces conditions, l'horloge biologique s'adaptait à ces variations : les ouvriers se réveillaient à 5 heures du matin l'été, et à 6 ou 7 heures du matin l'hiver. Malheureusement, notre horloge biologique est incapable de s'adapter aux grands écarts d'emploi du temps qu'implique le travail de nuit.

Avec le développement des technologies nouvelles et pour diminuer les coûts d'exploitation, le travail en continu est devenu une pratique courante. L'industrie lourde des fonderies et des aciéries a été le premier secteur d'activité à fonctionner 24 heures sur 24 et 7 jours sur 7. Dans les aciéries américaines, une des plus grandes industries fonctionnant en continu, un ouvrier travaillait en général 12 heures par jour, 7 jours par semaine. Cette semaine de 84 heures permettait de faire fonctionner un poste en permanence les 168 heures de la semaine, par deux ouvriers. L'un travaillait de 6 heures à 18 heures, l'autre de 18 heures à 6 heures.

Tous les quinze jours, l'ouvrier de nuit prenait le service de jour et vice versa. Pour effectuer cette rotation, un des ouvriers devait travailler 24 heures d'affilée tous les 28 jours pendant que son collègue avait 24 heures de libre. Ce dimanche était l'unique jour de congé mensuel !

L'horaire de travail de cet ouvrier est représenté figure 3-1.

Aujourd'hui, les ouvriers ont davantage de congés mais ce cycle de 28 jours constitue toujours la base des horaires de travail en continu dans l'industrie américaine.

Pour les Américains qui travaillent aujourd'hui ainsi en brigade, il est difficile de concevoir que les ouvriers d'alors sont en partie responsables de ce type d'horaires. Immigrants européens pour la plupart, ils étaient contents de gagner nettement plus que dans leur pays d'origine — 15 cents à l'heure.

Ces horaires pénibles sont vraisemblablement à l'origine de la grève de la Homestead (une usine de la Carnegie Steel Compagny), déclenchée en 1892 par l'Amalgamated Association of Iron and Steel Workers of America, un des plus puissants syndicats de l'époque rassemblant 24.000 des 400.000 syndiqués américains. Cette grève s'est soldée par la mort de 13 ouvriers au cours d'un affrontement avec les forces de l'ordre. Le gouvernement fédéral a alors commencé à se soucier des problèmes sociaux. La princi-

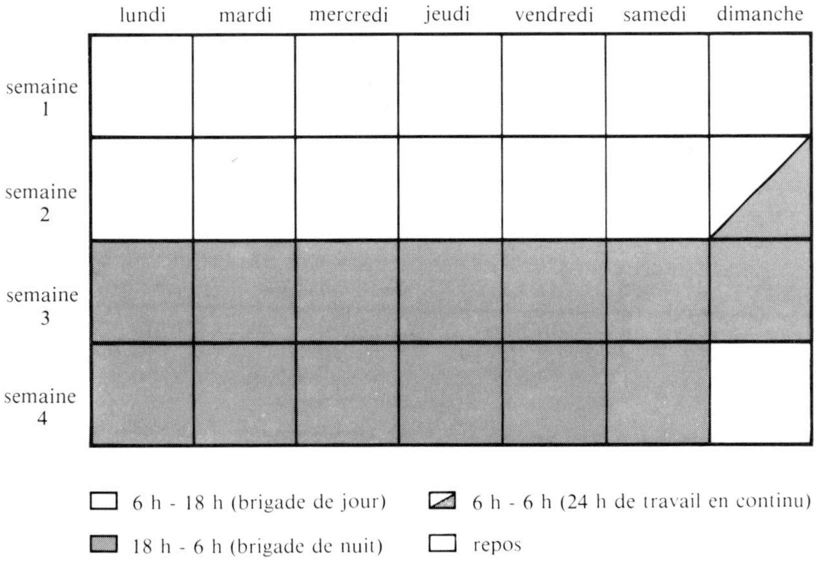

Figure 3-1 - La semaine de 84 heures, 12 heures de travail par jour (1883-1920)

pale revendication des travailleurs était la reconnaissance du syndicat par la Carnegie Steel Compagny. « Ce n'était pas la baisse des salaires qui mobilisait les hommes », écrivait Charles B. Spahr dans *America's working people*. « Ces salaires, même diminués, restaient élevés et ils le savaient. Leur véritable revendication était les longues heures de travail, le travail du dimanche, la contrainte constante imposée par les horaires... »[2] Ironie du sort, les horaires de travail étaient bien meilleurs dans les deux plus vieilles usines de la Carnegie Steel Compagny que dans la Homestead qu'elle venait de racheter en 1889. En 1873, Andrew Carnegie et ses associés importèrent de Londres le procédé de Bessemer pour leurs aciéries de Pittsburg et embauchèrent le capitaine William R. Jones, spécialiste de l'acier, comme surintendant des établissements Thompson, (« Captain Bill » gagnait 25.000 dollars par an, autant que le président des États-Unis.) C'est lui qui introduisit les horaires en trois-huit qui permettent un gain de productivité considérable. « Il est impensable d'exiger de la chair et du sang humain un travail de 12 heures en continu ; nous avons donc décidé d'instaurer trois brigades et de réduire à 8 heures le temps de travail » disait Captain Bill.[3]

C'était un progrès considérable. A cette époque, on travaillait facilement 12 heures par jour. La plupart des Américains étaient des fermiers, habitués à trimer toute la journée. Aussi, personne n'imaginait que travailler à l'usine la nuit pouvait être plus dur que le travail aux champs. Quelle surprise donc pour les patrons de voir la productivité augmenter grâce à une réduction du temps de travail des employés ! Mais en dépit de cette découverte, la journée de 12 heures, 7 jours par semaine, a continué à se développer au début du siècle. En 1907, 97 % des employés des hauts fourneaux subissaient ce genre d'horaires de travail et le nombre d'ouvriers travaillant en brigades de 12 heures doubla même pendant le boom industriel de la Première Guerre mondiale.

Ce ne sont pas les travailleurs mais les leaders religieux et politiques qui ont le plus milité en faveur d'un changement. En juillet 1920, le Mouvement Interconfessionnel Mondial publie un rapport sur les aciéries : « l'américanisme est une farce, les écoles du soir sont inutiles, les bibliothèques de Carnegie aux sommets des collines sont des leurres, les églises et les institutions de bienfaisance ne sont qu'ironie tant que l'ouvrier de l'acier sera tenu de travailler 12 heures par jour... Non seulement il n'a pas de soirée, mais il est littéralement dépossédé de son temps avec de tels horaires... L'américanisation de l'ouvrier des aciéries ne se fera pas tant que la journée de 12 heures persistera ». Ce rapport concluait que le système de brigades de 12 heures était responsable des taux

Travailleurs de la Bethlehem Steel Corporation pendant une opération de « feu continu ».

élevés d'accidents du travail et d'une dégradation de la santé telle que la majorité des ouvriers mouraient avant 50 ans. [4]

Dans un magazine de l'époque, un reporter décrit les ouvriers des aciéries en ces termes : « Au changement de brigade, ils sortaient en groupes par le portail de l'usine, épuisés par 12 heures passées devant les fourneaux, une serviette turque autour du cou, le dos trempé jusqu'à la ceinture. A chaque coin de rue, le groupe diminuait à mesure que les hommes regagnaient leur foyer pour se laver, manger, se coucher, enfiler de nouveau leur bleu de travail et retourner à l'usine »[5].

Mais c'est Louis D. Brandeis, magistrat à la Cour Suprême des États-Unis qui, devant un comité de la Chambre des Représentants en 1912, fait peut-être le plus éloquent des plaidoyers contre les brigades de 12 heures : « Il a été établi et il existe de nombreuses preuves en ce sens, qu'une telle vie fait transformer un homme en vieillard à 40 ans. Il est même étonnant qu'ils arrivent à vivre jusqu'à cet âge. Je pense que ces hommes doivent être dotés d'une excellente constitution pour supporter cette vie jusqu'à 40 ans ».

« Mais ce n'est pas seulement la dépendance de cet individu, ce n'est pas seulement le fait qu'il devienne inutile, un fardeau pour sa famille, c'est le fait qu'il soit père de famille et qu'il transmette à la génération suivante et peut-être à de nombreuses générations la faiblesse malsaine et la dégénérescence dont il est atteint. Et cette dégénérescence n'est pas seulement physique. Elle est aussi morale et comment pourrait-il en être autrement ? Je vous demande, messieurs, de vous souvenir que ces personnes, même si elles ne sont pas de notre race ou de notre culture, sont des êtres humains. Imaginez quelle serait notre condition si chaque jour de la semaine nous devions travailler 12 heures. »

« Je pense qu'une seule chose peut apporter à l'homme un certain soulagement : un peu de dissipation. Regardez d'ailleurs dans la vie de ces hommes et vous verrez combien ils nous sont proches car ils aspirent, eux aussi, à ce type d'évasion. »

« Mr Fitch a attiré notre attention sur l'abus d'alcool et les dépenses en alcool qui suivent les jours de paye. Ce jour-là, dans une même ville, les vendeurs d'alcool ont réussi à amasser au total de 30 000 à 60 000 dollars provenant du salaire durement gagné des travailleurs, des sommes déposées à la banque un ou deux jours après la paye des ouvriers par les marchands d'alcool. Qu'est-ce que cela signifie ? Ça n'est pas seulement de l'argent gâché. C'est aussi le signe de la dégradation morale de ces gens et de leurs proches. Il est faux de dire, Monsieur le Président, que ce mal est né dans ces familles — heureusement ce n'est pas le cas. Ce mal est en fait généré par la communauté tout entière. »[6]

Une ère nouvelle

En 1914, Henry Ford décide de payer ses ouvriers 5 dollars pour une journée de 8 heures. Au lieu de faire faillite, comme beaucoup le prédisaient, il obtient des records de productivité — une voiture toutes les 20 secondes — démontrant au monde industriel l'évident résultat d'une organisation désormais dépassée des horaires de travail : une faible productivité et de faibles profits. C'est le début des temps modernes pour le travail en brigade et la journée de 8 heures est instaurée petit à petit dans de nombreux secteurs industriels. Cependant, certains des plus vieux secteurs traditionnels d'activité en continu restent rythmés par la semaine de 84 heures.

En 1919, peu après la fin de la Première Guerre mondiale, les sidérurgistes et les mineurs font grève pour la reconnaissance du syndicalisme et la réduction du temps de travail. Le Secrétaire d'État au Commerce, Herbert Hoover, réussit à convaincre le Président Harding d'intervenir. Avec le soutien de groupes religieux et d'associations, Harding fait une série de discours contre les 84 heures (12 heures par jour pendant 7 jours). Il arrive ainsi à obtenir des patrons la suppression des vieux horaires de travail. Mais, craignant une baisse de leurs revenus, de nombreux ouvriers sont alors paradoxalement en faveur de la semaine de 84 heures. « La journée de 12 heures a été inventée par les hommes bien avant l'existence de la United States Steel Corporation », faisait remarquer Andrew Carnegie. Le 3 août 1923, l'industrie sidérurgique établit cependant un plan de suppression de la semaine de 84 heures. Le travail serait désormais assuré par 3 équipes travaillant chacune 8 heures par jour, 7 jours par semaine (soit 56 heures par semaine). Le salaire horaire serait augmenté de 25 %, entraînant une baisse de revenu d'à peine 17 % pour une diminution du temps de travail d'un tiers. Du coup, entre 1922 et 1926, la semaine de travail passe de 72,3 à 59,8 heures en moyenne pour les ouvriers travaillant en brigades.

Au cours des quarante années qui ont suivi l'invention de l'ampoule électrique, le bilan du travail en brigade est lourd. Pour la première fois, nombre d'Américains ont dû travailler de longues heures de jour comme de nuit. Le taux élevé d'accidents du travail et de décès, la diminution de l'espérance de vie et la baisse des performances au travail sont la preuve que les capacités de l'organisme à être actif le jour et la nuit sont limitées.

Certes, la réduction du temps de travail à 56 heures par semaine constitue un progrès important mais, ce n'est pas surprenant, les horaires de travail en brigade ne tiennent pas compte des limites du cycle de veille et de sommeil. La connaissance dans ce domaine était alors pratiquement nulle. Si un ouvrier devait travailler de minuit à 8 heures du matin, on considérait qu'il en était tout autant capable que pendant le jour, un point c'est tout. Pendant la crise, avec l'adoption du Walsh-Healey Act, le temps de travail hebdomadaire est réduit à 40 heures et les horaires de brigade sont de nouveau modifiés : le même poste est alors couvert par 4 ouvriers travaillant chacun environ 42 heures par semaine. Comme il y a 168 heures dans une semaine, la semaine de 42 heures est logique si l'on veut pourvoir un poste en continu. Cependant, la plupart des contrats ont pour base les horaires de travail de jour : du lundi au vendredi, de 9 heures à 17 heures, d'où la semaine de 40 heures. En conséquence, au-delà de 40 heures, le travailleur en brigade est payé en heures supplémentaires.

Pendant la Seconde Guerre mondiale, de nombreuses personnes ont été soumises au travail en brigade sans que, une fois de plus, beaucoup d'attention soit portée aux horaires. Seuls de petits groupes de travailleurs sociaux et d'ingénieurs ont commencé à s'y intéresser de manière scientifique. Ces études, portant notamment sur les effets du travail de nuit, ont montré une plus grande fréquence d'ulcères, de troubles du sommeil et de problèmes sociaux et familiaux chez les travailleurs en brigade.

Le travail en brigade a continué de se développer après la guerre aux États-Unis comme dans les autres pays industrialisés. En 1952, aux États-Unis, 26 % des hommes et 16 % des femmes avaient des emplois imposant un travail en alternance le jour et la nuit. Évidemment, beaucoup souffraient de troubles du sommeil mais, à l'époque, il n'existait pratiquement aucun médecin capable de les aider. Ce domaine était quasiment inexploré.

Avec la découverte, en 1953, des différentes phases physiologiques du sommeil (voir chapitre 5), la recherche sur le sommeil connaît un développement rapide et permet l'apparition d'une nouvelle discipline médicale : la médecine des troubles du sommeil. Le premier service de médecine clinique des troubles du sommeil est ouvert en 1969 à l'Université de Stanford. Pour la première fois, des médecins s'intéressent aux patients qui se plaignent non seulement d'insomnies mais aussi de problèmes d'éveil. Développer une nouvelle spécialité médicale est une tâche risquée : personne ne pouvait savoir quel type de patients viendrait et quels remèdes seraient disponibles. De nombreux patients, les premiers cas jamais étudiés, étaient sujets à des troubles inhabituels. Bien sûr, parmi eux, des ouvriers travaillant en brigades se plaignaient de difficultés à s'habituer à leurs horaires de travail.

L'un d'eux, un conducteur de chariot élévateur, soumis aux

trois-huit, devait boire 10 à 15 cafés par jour pour rester éveillé pendant son travail. A la maison, il s'endormait souvent devant la télévision ou en lisant le journal. Sa femme a dû le traîner à une consultation de médecine de troubles du sommeil après qu'il se soit endormi au volant. L'approche médicale consistait alors à rechercher chez ces patients un trouble du sommeil sous-jacent, comme la narcolepsie ou l'insomnie, et à traiter ces troubles avec des médicaments et des conseils. Lorsque aucun trouble du sommeil n'était détecté, nous recommandions au patient et à son employeur le travail de jour pour cause d'inadaptation au travail en brigade.

C'est une thérapeutique efficace mais très limitée quand on pense qu'il faudra toujours des gens pour travailler la nuit — et ils sont nombreux. A cette époque, le lien entre trouble du sommeil et alternance d'activité nocturne et diurne était clair mais la cause et l'ampleur du problème demeuraient inconnues. La recherche sur le sujet se limitait essentiellement à constater que les travailleurs soumis aux trois-huit ont plus de problèmes de sommeil que ceux travaillant exclusivement le jour.

Cette observation nous fut confirmée en 1980 par un coup de téléphone de Preston Rickey, directeur de la production de la Great Salt Lake Mineral and Chemical Corporation à Odgen dans l'Utah. Mr Rickey appelait le service de médecine du sommeil de Stanford après avoir lu un article sur le sommeil qui se terminait par cette phrase : « ces découvertes pourraient avoir des répercussions sur le travail en brigade » — conclusion classique des articles de recherche sur le sommeil, mais rarement suivie d'effets. Seulement, Mr Rickey avait 150 employés souffrant de troubles du sommeil. Après s'être documenté à la bibliothèque municipale et dans une bibliothèque universitaire, après avoir téléphoné et écrit au Bureau du Travail des États-Unis pour savoir comment organiser au mieux le travail en brigade, il avait récolté beaucoup d'informations sur le problème mais peu de réponses à ses questions.

L'étude de la Great Salt Lake

La Great Salt Lake Minerals and Chemicals Corporation (G.S.L.) est située au bord du Grand Lac Salé. Elle comprend un gisement d'extraction de potasse et une usine de transformation. Fin 1980, Mr Rickey convoque individuellement ses ouvriers pour connaître les problèmes qu'ils rencontrent dans leur lieu de travail. A sa grande surprise, ils évoquent en premier lieu l'alternance des horaires de travail. Quelques mois plus tard, le Dr Charles Czeisler et moi-même avons eu une discussion très intéressante avec le directeur de la production, le président et le vice-président de la G.S.L. à propos de la recherche sur le sommeil et du travail en brigade.

En fait, Mr Rickey avait fait appel à deux spécialistes du sommeil surtout pour convaincre ses employés que les horaires de sa compagnie étaient les meilleurs possibles. « Nous ne voulions pas changer les horaires. Nous voulions que les employés les acceptent. Je ne pensais pas que l'on pouvait faire mieux. »

Mais nous pensions différemment et avons donc tenté de convaincre la direction que les progrès de la recherche dans ce domaine étaient suffisants pour nous permettre d'améliorer les horaires de travail de la compagnie. Un certain nombre de dirigeants refusaient a priori de changer d'horaires mais nous avons obtenu l'autorisation d'entreprendre une étude du problème. Par la suite, l'un des vice-présidents a fini par nous avouer avoir été davantage séduit par notre enthousiasme que par nos théories sur de nouveaux horaires de travail (théories que nous n'avions pas encore élaborées).

Notre première démarche a consisté à analyser l'emploi du temps pratiqué alors. Neuf mois par an, l'usine fonctionnait 24 heures sur 24, 7 jours sur 7. Pendant cette période, les ouvriers tournaient d'abord le jour de 8 heures à 16 heures, puis la nuit de minuit à 8 heures et enfin le soir de 16 heures à minuit. L'été, avec l'arrêt de l'extraction de la potasse, les ouvriers travaillaient toute la journée. Ce système favorisait sans doute le découragement qui les saisissait quand il fallait reprendre le travail en brigade après avoir savouré le travail de jour. La plupart des gens qui travaillent continuellement en alternance le jour et la nuit finissent par oublier combien il est bon de se sentir frais et dispos.

Les brigades étaient organisées de la façon suivante : chaque ouvrier travaillait 7 nuits d'affilée suivies de 2 jours de repos ; 7 soirées consécutives suivies d'un jour de repos ; 7 jours d'affilée suivis de 4 jours de repos. Chaque période de travail durait 8 heures. Le repos de 4 jours — samedi, dimanche, lundi et mardi — était appelé le « long changement » ; c'était le seul week-end libre par mois.

Nous baptisons cet horaire « l'avance hebdomadaire de phase » car il force les ouvriers à reculer leurs horaires de travail de 8 heures chaque semaine. Il comprend une période de travail de 14 jours sur 15 et se solde par une semaine de 42 heures. Plus tard, nous avons découvert qu'il s'agissait du système le plus répandu aux États-Unis (voir figure 3-2).

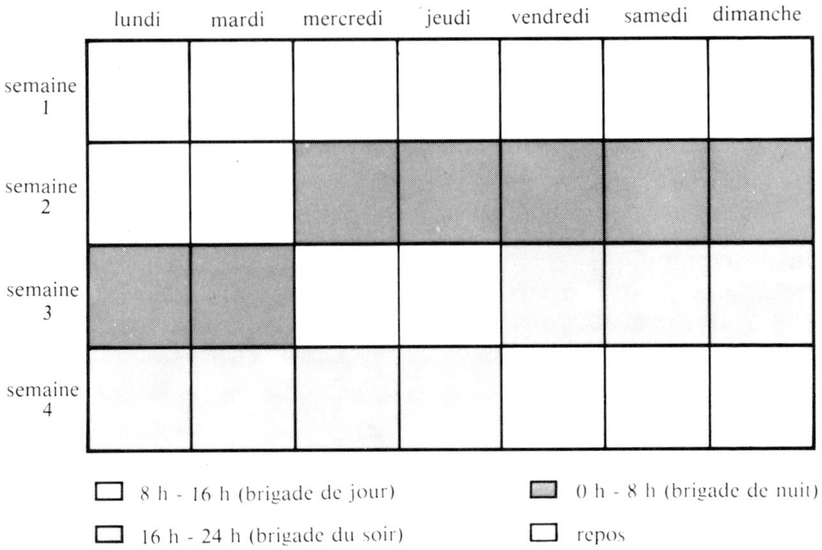

Figure 3.2 - Horaire d'avance hebdomadaire de phase avec la journée de 8 heures.

Le 23 mars 1983, devant la Chambre des Représentants des États-Unis, Cordon Thompson, ouvrier soumis à l'avance hebdomadaire de phase, décrivait ainsi les difficultés propres à cet horaire : « Quand j'étais employé, en 1973, chez Firestone, mon horaire de travail changeait tous les 7 jours. Je travaillais 7 nuits, de minuit à 8 heures du matin, puis j'avais 2 jours de congé. Ensuite, je travaillais 7 soirs, de 16 heures à minuit, et j'avais un jour de congé. Enfin, je travaillais 7 journées, de 8 heures à 16 heures, et j'avais 4 jours de congé. J'ai suivi cet emploi du temps pendant environ 2 ans et demi. »

« Rapidement, j'en ai été affecté mentalement et physiquement. La plupart des boulots à l'usine sont très physiques ; il est donc impératif de pouvoir se reposer. Au début, j'avais du mal à dormir et mon repos était de mauvaise qualité. Travailler dans ces conditions était très dangereux. D'ailleurs, j'ai vu des ouvriers dormir debout tout en pilotant des machines. Même conduire pour rentrer chez soi était une épreuve, surtout quand je travaillais la nuit ; plusieurs fois, il m'est arrivé de quitter la route. »

« Après deux ans à ce régime, j'ai commencé à prendre des somnifères. Mes habitudes alimentaires s'en sont trouvées affectées. J'ai commencé à perdre la notion du goût. J'avais aussi des problèmes de digestion. Je n'arrivais pas à choisir mes repas, particulièrement quand je travaillais entre minuit et 8 heures. »

« Déjà, au bout d'un an, j'ai commencé à avoir des problèmes familiaux car je n'arrivais pas à consacrer du temps à mes proches. Avant ce travail, j'allais à la chasse, à la pêche et je faisais du sport ; j'ai tout arrêté. J'ai perdu le goût pour tout ce que j'aimais faire avant. Tous mes collègues étaient dans le même cas. »

« A la pause, personne ne se parlait ; et si c'était le cas, c'était pour dire du mal de son travail. Les relations avec les contremaîtres étaient également très mauvaises. Comme s'il y avait une bataille constante entre les ouvriers à la production et la direction. »

« J'ai l'impression que chaque semaine j'entendais parler de divorce. Je pensais que je finirais bien par m'habituer à ces conditions de travail mais c'était de pire en pire. Au bout de trois ans, l'absentéisme, la mauvaise productivité et le taux d'accident du travail étaient si importants que la compagnie a décidé de supprimer la rotation sur 7 jours. A ce moment-là, j'ai eu l'impression de changer d'usine. »

« Vu mon expérience personnelle, le stress physique et mental, si demain je devais revenir à une rotation sur 7 jours, je m'arrêterais de travailler immédiatement. »

La plupart des entreprises fonctionnant sur ce type d'horaire ignorent son origine. Les dirigeants d'une société de Pittsburgh que j'ai récemment visitée ont même découvert que toutes leurs usines aux États-Unis tournent sur ce système. Aucun ne se rappelle avoir choisi cet horaire et tous supposent qu'il date du début des années 1900, lors de la création de la société. Cet horaire est appelé « rotation sudiste », l'« horaire Hoover » ou encore l'« horaire Hanford » selon la tradition locale. Dans une raffinerie tournant en brigades, le directeur pensait que cet « horaire de Hanford » avait été conçu par Mr Hanford ; le chef de la production me confia que ce surnon venait de la ville de Hanford dans l'État de Washington où cet horaire avait été utilisé la première fois.

A l'évidence, l'horaire pratiqué par la Great Salt Lake (G.S.L.) correspond à une tradition et a beaucoup de points communs avec celui des années 1890, mais avec deux fois plus de monde sur le même poste : quatre ouvriers au lieu de deux qui font chacun une semaine de 42 heures en moyenne (ce qui permet d'assurer les 168 heures hebdomadaires) au lieu de 84. Plutôt que de faire une rotation tous les quinze jours, ils tournent chaque semaine : un horaire calqué sur un cycle de 28 jours, exactement comme le vieil horaire des aciéries.

Bien sûr, l'avance hebdomadaire de phase correspond aux besoins de la compagnie mais, ni la préférence des ouvriers ni les principes physiologiques susceptibles de jouer sur l'adaptation de l'organisme au travail en brigade ne sont pris en compte. Les troubles dus à ces horaires sont comparables à ceux éprouvés par les gens qui prennent l'avion de Los Angeles à Londres. Avec cette différence que les ouvriers soumis à ce « décalage horaire des cols bleus » n'ont pas le plaisir de visiter Londres — et en plus, ils doivent faire le voyage chaque semaine ! L'un de nos principes circadiens fondamentaux veut que le décalage des horaires de travail se fasse dans le sens des aiguilles d'une montre. Par exemple, un ouvrier qui se couche à 22 heures pendant sa période de travail de jour pourra facilement retarder son coucher de 4 heures, c'est-à-dire rester debout jusqu'à 2 heures du matin, en prenant son tour de brigade de 16 heures à minuit (brigade du soir). En revanche, passer de la brigade du soir à la brigade de jour correspond à un décalage horaire dans le sens inverse des aiguilles d'une montre, ce qui oblige les ouvriers a se coucher plus tôt lors du changement d'équipe. Dans ce cas, leur journée dure 21 heures, bien plus que n'en peut supporter l'horloge interne naturellement réglée sur 25 heures. Devoir se coucher à 22 heures quand on est habitué à s'endormir à 2 heures du matin n'est pas chose facile. Cela équivaut, pour un travailleur diurne se couchant régulièrement à 23 heures, à se mettre au lit 4 heures plus tôt, soit à 7 heures du soir !

Notre équipe de recherche a mis au point deux horaires de travail distincts, testés sur deux groupes d'ouvriers. Le premier est un horaire de recul hebdomadaire de phase (décalage de phase dans le sens des aiguilles d'une montre). Au lieu de tourner selon la vieille méthode, les ouvriers se décalent sur des heures plus tardives — du jour vers le soir, du soir vers la nuit et de la nuit vers le jour. Nous avons choisi cette rotation, dans le sens de l'horloge, pour sa compatibilité avec le phénomène d'échappement de l'horloge biologique humaine. Comme nous avons une tendance naturelle à nous laisser dériver vers des heures tardives, il est logique que le décalage des horaires de travail se fasse dans ce même sens. Ce nouvel horaire permet aux employés de retarder leur coucher mais oblige à des changements brutaux chaque semaine.

Le second horaire est lui aussi basé sur des rotations vers des heures plus tardives mais auxquelles s'ajoute une baisse de la fréquence des rotations. Au lieu de tourner chaque semaine, les ouvriers changent d'horaires toutes les 3 semaines (voir figure 3-3). De plus, pour éviter le brutal décalage de 8 heures lors de la rotation, nous avons établi une « dérive progressive » sur 3 jours. Une sorte de transition pendant laquelle les ouvriers viennent au travail deux heures et demie plus tard que la veille et ont donc des journées de 26,7 heures pendant trois jours — ce qui est proche du rythme naturel d'échappement.

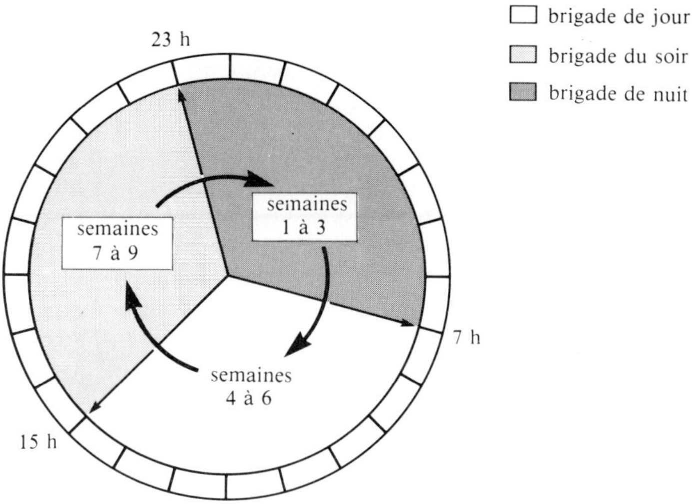

Figure 3.3 - Rotations de trois semaines dans le sens horaire.

Au départ, les directeurs de la G.S.L., habitués à leurs horaires traditionnels, ont trouvé nos recommandations plutôt étranges. Or, ces horaires prennent autant en compte les exigences du travail que le bien-être des ouvriers — des congés supplémentaires ont été ajoutés — et les principes gouvernant les rythmes circadiens. L'adhésion des employés a été renforcée par des réunions où nous donnions des explications sur les principes biologiques en jeu. Finalement, nous avons obtenu un soutien collectif suffisant pour mener une expérience de trois mois avec nos nouveaux horaires.

Nous nous sommes rapidement heurtés à une opposition à la rotation progressive. Les ouvriers avaient du mal à s'y habituer et surtout — ce qui est très important — ne s'y retrouvaient pas du tout. En Suède, pourtant, certains policiers sont soumis à des horaires de ce type : chaque jour, ils travaillent 4 heures plus tôt que la veille. Nous avons donc supprimé la rotation progressive pour revenir à un brusque décalage de huit heures toutes les trois semaines.

Cette expérience a connu un véritable succès et a donc été prolongée. Notre équipe de recherche a continué de se rendre régulièrement à la G.S.L. pour évaluer l'impact des nouveaux horaires. Nous avons établi une série de questionnaires à soumettre aux employés et la direction de l'entreprise nous a fourni une série d'indicateurs de productivité tels que la quantité de potasse traitée par l'usine.

Elle nous a aussi autorisé à éplucher les dossiers de l'entreprise sur une période de quatre ans (deux ans avant et deux ans après notre intervention). Nous avons dû compulser une montagne de paperasse faute d'une gestion informatisée. Heureusement, un groupe d'employés nous a prêté main-forte et, en travaillant jour et nuit, à huit, nous avons terminé ce travail en deux jours.

Les résultats ont surpris tout le monde. La productivité avait augmenté de 20 % et les employés soumis au cycle de rotation toutes les trois semaines étaient nettement plus satisfaits de leur travail et des horaires, moins souvent malades aussi que ceux qui tournaient chaque semaine selon l'ancien horaire. Ceux qui avaient seulement changé de sens de rotation ont ressenti aussi une amélioration dans le travail, moins nette cependant que leurs collègues tournant toutes les trois semaines.

Principale conclusion de cette étude : non seulement les ouvriers travaillant en brigades préfèrent des horaires qui respectent les rythmes circadiens mais ils deviennent aussi plus productifs dans ces conditions. Toutefois, il y a toujours des imprévus. La direction doit, par exemple, créer des postes pour faire fonctionner ces nouveaux horaires à l'échelle de toute l'entreprise : les employés doivent faire preuve de plus de souplesse face à de nouvelles distributions de tâches.

Il est beaucoup plus difficile qu'on ne le pense d'introduire un tel changement. Devant les modifications d'horaires, les gens ont tendance à se braquer au moindre problème, sans voir les bons côtés — amélioration de la santé, du bien-être, de l'état de veille —, avant même que l'horaire soit réellement appliqué. Un nouvel emploi du temps sur un bout de papier n'évoque pas grand-chose. Cependant, quelques explications préalables sur le travail en brigade, le sommeil et les rythmes circadiens peuvent convaincre les employés de faire un essai. En un an, le taux de satisfaction est passé de 60 % à 90 %. Ce témoignage de l'ouvrier Scott N. Nielsen au cours d'une audience d'un comité du Congrès des États-Unis, reflète parfaitement les réactions d'un employé soumis au nouvel horaire :

« Je pense que ce système (le nouvel horaire) a pas mal fonctionné. Bien sûr, il y en a toujours qui sont contre tout changement par principe. Mais au cours des deux dernières années, il semble que tout le monde a accepté l'idée. »

« J'ai profité des deux dernières semaines pour parler avec mes collègues et enrichir ce témoignage. Tout le monde a dit à peu près la même chose et préfère le nouvel horaire à l'ancien. Certains ont eu le sentiment d'avoir plus de temps pour faire ce dont ils ont toujours eu envie et d'échapper à l'éternel métro-boulot-dodo. Je leur ai demandé pourquoi. Ils m'ont dit mieux pouvoir s'adapter aux rotations, donc avoir moins besoin de dormir et avoir, par conséquent, plus de temps libre. »

« Par ailleurs, pendant le travail, le moral était toujours au beau fixe. Et lorsque le moral est bon, la production l'est aussi. J'ai aussi noté, depuis le changement d'emploi du temps, une disparition complète des rivalités entre différents secteurs de l'entreprise. »[8]

D'autres stratégies

Il y a d'autres moyens de traiter le problème du travail en continu. On peut, par exemple, mettre au point un emploi du temps fixe, sans rotation, où chaque employé couvre toujours la même période de 8 heures. Inconvénient majeur de ce système : l'employé qui travaille sans cesse la nuit ne parvient jamais à régler son horloge biologique car pendant ses jours de repos, il essaie de vivre le jour. Il en résulte un conflit — être éveillé le jour quand on ne travaille pas et la nuit quand on travaille — qui rend difficile tout ajustement. D'un point de vue opérationnel, ces horaires figés créent des problèmes de promotion car beaucoup préfèrent effectuer un travail peu qualifié le jour à une promotion qui les oblige à travailler la nuit. En revanche, ceux qui rechignent à être trop encadrés, préfèrent travailler la nuit, ce qui crée des équipes mal équilibrées. La brigade du soir (15 heures-23 heures) est en général moins prisée car c'est celle qui perturbe le plus la vie familiale. Une mère astreinte à un tel horaire ne verra jamais ses enfants autrement qu'endormis.

Souvent, les employés les plus jeunes qui ont le moins d'ancienneté dans l'entreprise héritent de la tranche du soir ; or ce sont ceux qui ont le plus souvent des jeunes enfants. Malgré des imperfections, un bon emploi du temps tournant est physiologiquement meilleur que le système de tranches horaires fixes. Le système de la rotation rapide est une solution largement développée en Europe : l'employé travaille successivement le jour, le soir et la nuit pendant trois jours d'affilée. Ce principe permet aux rythmes circadiens de rester synchronisés avec une activité diurne. En effet, l'employé ne passe pas suffisamment de temps à travailler le soir ou la nuit pour s'ajuster à ces horaires. Ceci signifie que personne ne peut complètement s'habituer au travail nocturne : tout le monde peut donc s'y retrouver en passant rapidement sur la tranche horaire de nuit. Si ce rythme permet aux intéressés d'avoir une vie sociale normale, il n'apporte en revanche aucune amélioration aux problèmes d'éveil que pose le travail nocturne. Notre approche, elle, vise à permettre un ajustement des rythmes circadiens à chacune des tranches horaires par un emploi du temps et un entraînement adapté.

Le retour des brigades de 12 heures

En 1955, les entreprises américaines sont revenues aux brigades de 12 heures. Cette fois, un poste était couvert par quatre employés au lieu de deux. La Eli Lilly Compagnie a imposé cet emploi du temps lorsqu'elle est passée de 102 à 168 heures d'activité par semaine. La figure 3-4 représente cet emploi du temps. Puisqu'ils travaillent 12 heures d'affilée, les employés ne vont à l'usine que 14 jours sur 28. Cela augmente le temps de repos et diminue les dépenses liées au changement d'équipes mais ce n'est pas sans inconvénients.

Avec les périodes de 12 heures, on privilégie la préférence des employés au détriment des principes circadiens. Travailler 12 heures d'affilée n'est pas toujours facile, surtout lorsque les 9e, 10e, 11e et 12e heures se situent entre 2 heures et 6 heures du matin, au moment où les capacités d'éveil sont au plus bas, la difficulté est alors énorme. Ce type d'horaire est théoriquement acceptable pour des tâches répétitives ne nécessitant pas une attention soutenue de l'opérateur ou bien lorsqu'il existe un mécanisme sophistiqué déclenchant une alarme en cas d'endormissement. Chez les mineurs

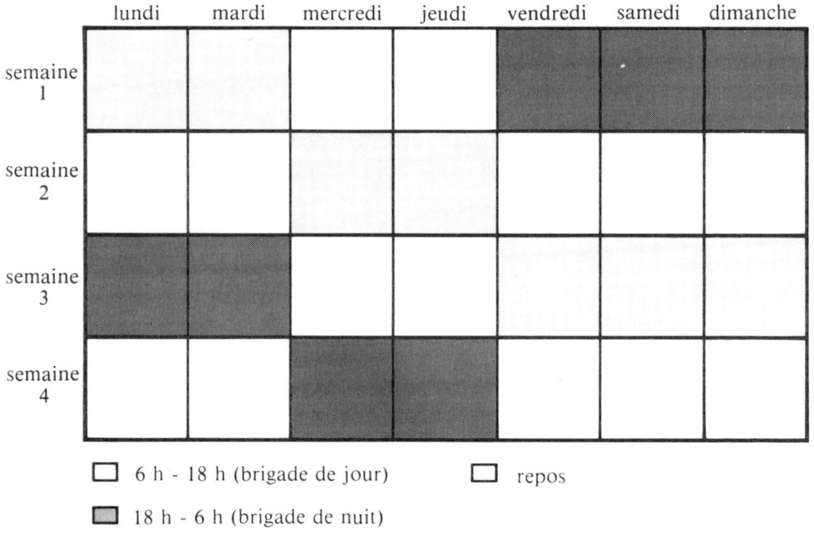

Figure 3.4 - Journée de 12 heures, semaine de 42 heures (de 1955 à nos jours)

qui utilisent un équipement lourd et dangereux ou chez les aiguilleurs du ciel qui doivent maintenir une attention constante, les périodes de 12 heures n'ont généralement pas cours. En 1984, au moins 60 000 Américains pratiquaient cet horaire, surtout dans l'industrie chimique et pétrochimique. C'est aussi de plus en plus le cas dans les hôpitaux pour le personnel infirmier.

Puisque l'horloge biologique humaine est incapable de s'ajuster rapidement sur un décalage brutal de 12 heures (il faut de 4 à 14 jours pour que le cycle de la température corporelle s'inverse), les employés soumis à ces horaires n'arrivent pas à s'y adapter. Ils se contentent de supporter l'épreuve. Pas étonnant que les plus jeunes préfèrent ce type d'horaire : les inconvénients — manque de sommeil et chute des capacités d'éveil — sont compensés pour eux par davantage de temps libre. Pour les plus âgés, qui souffrent davantage des perturbations de leur rythme circadien, ce système est particulièrement peu rentable.

J'ai attentivement étudié les différents horaires de travail en continu mis en place ces dernières années dans des secteurs industriels tel que la chimie, le raffinage, les produits manufacturés, les compagnies de services... L'avance hebdomadaire de phase est le système le plus répandu, mais j'ai quand même noté un grand nombre d'organisations inhabituelles du temps de travail. L'exemple d'une centrale thermique fonctionnant au charbon dans le Texas est tout à fait intéressant : tous les employés y travaillent dix jours de suite, suivis de quatre jours de congés. Les rotations de brigades se font dans l'ordre, du jour au soir, du soir à la nuit — système compatible avec le fonctionnement de l'horloge biologique. Et comme cet horaire est synchronisé avec la semaine de sept jours, chaque employé a systématiquement les mêmes jours de congé d'année en année. Ainsi, ceux qui ont de l'ancienneté sont de repos les vendredi, samedi, dimanche et lundi ; les plus jeunes sont toujours libres, eux du lundi au jeudi. Certains employés n'ont pas eu de vrais week-ends depuis des années. L'un d'eux se plaignait de ne jamais pouvoir voir son fils jouer au base-ball (le match a lieu le samedi) dans l'équipe où lui-même était une star dans sa jeunesse. Cela dit, les employés préfèrent cet emploi du temps à un autre puisque avec de l'ancienneté ils pourront bénéficier de l'horaire le plus favorable. De plus, ils sont ravis de pouvoir aller chasser ou pêcher pendant leur long week-end alors qu'ils resteraient à bricoler chez eux s'ils n'avaient que deux jours de congé par semaine.

Pour ces ruraux, plutôt isolés, un tel emploi du temps paraît tout à fait satisfaisant, et de toutes les usines que j'ai visitées aux États-Unis, je n'ai jamais retrouvé un tel niveau de satisfaction chez les employés. D'un point de vue physiologique, cet emploi du temps est efficient : dix jours consécutifs sur un même horaire laisse à l'horloge interne le temps de s'adapter ; il y a six semaines entre deux périodes de travail nocturne ; ces périodes ne sont pas hâchées par des jours de congés, ce qui permet à l'horloge biologique de se synchroniser complètement sur l'horaire de nuit. En outre, quatre jours de congé entre deux tranches horaires décalées de huit heures permettent un ajustement progressif car l'horloge interne supporte facilement un décalage de 2 à 3 heures supplémentaires par jour. Un autre élément contribue au succès de cet emploi du temps : la bonne répartition des postes. La plupart des horaires de travail en continu présentent des défauts de planification ; parfois, quand personne n'est malade ou en vacances, les contremaîtres doivent inventer des tâches pour occuper les employés en trop (les patrons tablent sur un certain absentéisme). A d'autres périodes de l'année, des heures supplémentaires en nombre excessif doivent compenser l'absentéisme. Un excès ou un défaut de personnel posent forcément des problèmes d'ordre moral.

Évidemment, nous avons conseillé à la direction de la centrale thermique de conserver le même emploi du temps. Nos tentatives de répartition plus équitable des jours de congés n'ont pas été prises en compte, mais nous avons tout de même organisé des réunions visant à sensibiliser les employés à la chronobiologie pour les aider à ajuster leurs horaires de sommeil et de réveil au moment des rotations. En changeant progressivement l'heure du lever et du coucher, les employés peuvent synchroniser leur temps biologique sur les horaires d'une nouvelle période de travail. Nous leur avons appris, ainsi qu'à leur famille, à maîtriser leur rythme de veille-sommeil à chaque moment de leur journée respective. Les employés, comme la direction, ont été enchantés d'apprendre que leur emploi du temps ne nécessitait aucune modification importante. Un cadre nous a même dit : « Maintenant il faudra au moins dix ans pour que quelqu'un se plaigne à nouveau du travail de nuit ».

Ailleurs, nous avons pu voir à quel point les problèmes physiologiques sont ignorés. Un directeur d'usine de pâte à papier dans une région rurale de Caroline du Nord m'appelle un jour pour résoudre le problème suivant : les employés travaillent trop. Dans un des services, la quantité de travail nécessaire varie constamment et, par conséquent, le nombre d'heures de travail des ouvriers aussi. Certains mois, l'usine doit tourner 24 heures sur 24, 7 jours sur 7 et les ouvriers font des heures supplémentaires. A d'autres moments, le service ne fonctionne que 5 jours par semaine et doit même parfois fermer plusieurs semaines. Alors, au fil du temps, seuls les ouvriers prêts à faire beaucoup d'heures supplémentaires ont été acceptés dans ce service. Ils sont habitués à travailler jusqu'à 70 heures par semaine et réussissent à doubler leur salaire de base. Nous connaissons tous des bourreaux de travail, mais imaginez un service entier de gens comme ça ! Ils ont un cycle de rotation de trois semaines : 7 nuits d'affilée, puis 7 soirs, puis 7 journées.

Chaque ouvrier travaille sept jours consécutifs sur une même tranche horaire et passe ensuite à la tranche précédente (rotation en sens inverse des aiguilles d'une montre, sans avoir la possibilité de prendre un jour de repos. Physiologiquement, c'est l'un des emplois du temps les plus durs que j'ai pu observer — tourner chaque semaine dans le mauvais sens sans pouvoir se réajuster. Bien sûr, cet emploi du temps présente l'avantage de pouvoir accumuler une énorme quantité d'heures supplémentaires. Chaque fois que le service ferme (une semaine tous les deux ou trois mois), les employés peuvent se reposer.

Lorsque j'ai été appelé sur place, c'était la fin de la récession de 1982 et il était prévu que l'usine tournerait sans arrêt les douze mois à venir. Certains ouvriers avaient déjà travaillé une année entière sans prendre un jour de congé, pas même les fêtes du calendrier — soit 365 jours de travail non stop ! La direction craignait des accidents et des problèmes de santé. Mais des entretiens ont révélé qu'en dépit de problèmes de sommeil et de synchronisation lors des rotations, les ouvriers étaient très « satisfaits » de leur emploi du temps. Ils étaient en fait prisonniers de leur horaire de travail. Leurs premières payes avaient souvent servi à l'achat d'un bateau, d'une maison, d'une caravane, etc. et ils étaient maintenant bien obligés de travailler 56 heures par semaine pour rembourser leurs emprunts. Quand profiteraient-ils de leurs acquisitions ? Mystère !

Après maintes discussions, les employés ont accepté de suivre un horaire de retard de phase tournant dans le sens des aiguilles d'une montre toutes les deux semaines avec au moins quatre jours de congés par mois. Ils n'ont pas apprécié le système des deux semaines consécutives sur l'horaire du soir — de 15 heures à 23 heures — car pendant les mois d'été la température extérieure dépasse souvent 40°C et, dans l'usine, il fait encore plus chaud et plus humide. Après cette expérience, ils ont accepté le principe des jours de congé mais ont préféré revenir à leur rotation hebdomadaire habituelle.

Le travail en brigade dans l'avenir

Grâce à la publicité faite autour de l'étude de la Great Salt Lake (G.S.L.) en 1980, les industries américaines se sont de plus en plus intéressées aux recherches sur les rythmes biologiques et leurs applications sur l'éveil, la performance et la santé dans le travail. Curieusement, l'étude de la G.S.L. a eu pour premier effet de changer seulement le sens des rotations des brigades dans de nombreuses usines — changement qui, à lui seul, n'entraîne pas d'amélioration significative des conditions de travail (le plus grand progrès est venu avec le changement simultané du sens et de la fréquence des rotations). Certains patrons jugeaient plus logique de tourner dans le sens des aiguilles d'une montre, car la majorité connaissaient le rythme naturel de 25 heures de l'horloge biologique humaine. La plupart des directeurs d'usines et des chefs du personnel ont, en effet, lu ou entendu parler des horloges biologiques. Mieux, certaines grandes sociétés de pointe en matière d'innovation étudient de près le problème du travail en brigade et essayent de rendre les horaires plus attrayants que le traditionnel 9 heures-17 heures du lundi au vendredi.

L'avenir du travail en brigades est conditonné par deux aspects contradictoires du problème. D'un côté, l'essor des technologies nouvelles et de la robotique implique la disparition de certaines tâches. Des opérations nécessitant encore une intervention humaine seront dans l'avenir complètement assurées par des ordinateurs et le travail des empoyés consistera à surveiller jour et nuit des écrans de contrôle. Dans une scierie, j'ai rencontré un employé chargé de regarder pendant 24 heures d'affilée un écran de télévision surveillant l'incinération des copeaux de bois ! D'un autre côté, avec la demande croissante de services ouverts 24 heures sur 24 — banques, sécurité, communications et même épiceries — le travail en brigade va vraisemblablement se développer. Une grande partie de la population active devra travailler en alternance le jour et la nuit.

Les congés sont aussi un véritable problème pour les travailleurs en brigade. Ils en ont moins et pas aux bonnes périodes. Quand un employé s'absente pour maladie, vacances, besoins personnels, son tour est en général assuré par un autre collègue qui travaille alors deux fois plus. En revanche, quand un employé de la brigade de jour est soudainement absente, son poste reste vacant. Du coup, chaque employé ordinaire chargé d'un poste fonctionnant en continu fait souvent quelque 400 heures supplémentaires par an — l'équivalent de 10 semaines de 40 heures en plus chaque année. Ironie du sort, ces employés qui doivent déjà faire face à des problèmes de vie sociale et d'éveil ou de sommeil, doivent aussi supporter un excès de travail.

En modifiant les horaires traditionnels, il est possible d'offrir davantage de congés aux employés sans pour autant augmenter les effectifs. Mais malheureusement, « la tradition est une pierre autour du cou du progrès ». Les méthodes classiques pour adoucir le travail en brigade, primes de nuit ou de week-end, ne règlent pas les problèmes de qualité de la vie, de santé, de vie familiale et sociale que rencontrent les travailleurs.

Il n'existe pas d'emploi du temps idéal pour résoudre tous ces problèmes. Il faudra toujours des effectifs au moment de Noël, du 1er mai, la nuit et les week-ends. De plus, la société est organisée de façon à réserver le jour au travail et la nuit au sommeil. La meilleure solution pour une entreprise consiste à organiser les emplois du temps en fonction des activités et des postes nécessaires. Mais l'idéal serait un compromis entre les vœux du personnel, les impératifs de production et les principes des rythmes circadiens. Pour en arriver là, il faut porter davantage d'attention aux besoins des employés plutôt que de s'inspirer uniquement des horaires propres au travail de jour. Quel est en effet l'intérêt d'avoir dix jours de congés payés par an si l'on est obligé de travailler pendant sept de ces jours en heures supplémentaires ? La police est par excellence un secteur d'activité qui demande une mobilisation de jour comme de nuit. Dans son témoignage devant le Congrès, l'officier de police Kerry Day décrit son expérience du travail en brigade en ces termes :

« En 1974, j'ai été muté dans un poste de police où je travaillais une semaine la nuit, une semaine le soir et une semaine le jour. J'ai immédiatement trouvé cela plus dur et plus fatiguant que le système de rotation mensuelle que j'avais à Baltimore parce que j'étais sans cesse obligé de changer le rythme de mes repas et de mon sommeil sans jamais pouvoir m'adapter. »

« Plus le temps passait et moins je supportais ces rotations hebdomadaires ; c'est pour moi aujourd'hui le côté le plus négatif de mon métier, plus négatif encore que la frustration de voir parfois la justice bafouée, que d'assister au spectacle de la souffrance humaine ou que le réel danger de mon travail. Pendant mes années de rotations hebdomadaires, mon anxiété et ma fatigue se sont considérablement accrues. Plus précisément, j'ai rencontré les problèmes suivants :

1) Relations conjugales limitées. Au début, ma femme était très mécontente des changements continuels de mes horaires de sommeil et se plaignait de l'absence de rapports réguliers. Elle voulait que je passe les nuits et mes jours de repos avec elle. Occa-

sionnellement, elle suivait mes horaires mais nous sommes tous les deux d'accord pour dire que le peu d'heures que nous avons passées ensemble et les disputes à ce sujet ont nui à nos relations intimes.

2) Fatigue et anxiété. Au cours des trois ou quatre dernières années, ce type de troubles s'est développé. Je ne puis affirmer que mes horaires décalés en sont la seule cause, mais je pense ça n'a pas arrangé les choses.

3) Une légère désorientation temporelle. Si un ami me demandait trois semaines à l'avance d'aller voir un match de foot avec lui le mercredi soir, j'étais incapable de lui donner une réponse immédiate et je devais faire des calculs compliqués ou prendre un calendrier pour savoir si ce soir-là je travaillais, je dormais ou j'étais libre. Ce type de désagrément est plutôt frustrant.

4) L'impression d'être différent. Mes relations avec les autres me montraient que je faisais partie d'une catégorie spéciale. Je me rendais bien compte que ma famille ou mes amis devaient faire des efforts pour que je sois présent à certaines soirées ou réunions familiales. En plus, j'étais parfois carrément mis à l'écart. J'en ressentais même de la culpabilité. Je sentais bien aussi que certains ne comprenaient pas ces problèmes et me trouvaient bizarre à cause de mes habitudes et de mon style de vie particulier.

5) Heures de repas et de sommeil irrégulières. Avec mes horaires de travail, la notion de petit déjeuner et de dîner avait complètement disparu. Je mangeais ce qui me tombait sous la main.

Mes horaires de sommeil m'ont exclu du monde normal. C'est souvent aux moments où je devais dormir que j'étais obligé de prendre rendez-vous chez un médecin ou à la banque, de m'occuper des enfants, etc. Résultat, il m'arrivait de ne pas dormir pendant 24 ou 36 heures. La fatigue, la baisse d'attention et la perte des réflexes qui s'ensuivaient me préoccupaient, vu les risques de mon métier.

6) Difficultés à rester en forme. Il m'était très difficile de faire quotidiennement de la gymnastique, un véritable problème au regard de la nature sédentaire de mon métier associée aux besoins de dépenses d'énergie soudaine et au stress constant.

Il y avait d'autres problèmes, notamment pour mes enfants qui se perdaient dans les allées et venues de leur père.

Depuis novembre 1982, mes horaires ont changé. Maintenant, je travaille une semaine le jour et une semaine la nuit. En théorie, cet horaire est meilleur que le précédent, mais mon organisme ne s'y est pas encore habitué et a du mal à abandonner le rythme qu'il a connu ces huit dernières années. Ceci dit, je suis moins anxieux et plus optimiste en général.[9] »

Travail en brigade et santé

Les travailleurs en brigades se plaignent souvent de problèmes de santé. Cependant, lorsque je donne un cours à ce type d'ouvriers sur le sujet, invévitablement à un moment ou à un autre, un sextuagénaire avec 20 ou 30 ans d'ancienneté se lève lentement pour me faire remarquer poliment : « Tout ça c'est très intéressant, mais je n'ai jamais eu aucun problème de sommeil ou d'adaptation à mes rotations ». Ces « anciens » font vraisemblablement partie des rares personnes dont l'horloge biologique ne souffre pas des décalages horaires et s'ajuste rapidement sur un nouvel horaire. Ils constituent sans doute un groupe de « survivants » dans la mesure où les gens plus sensibles au décalage des horaires auraient abandonné le travail en brigade depuis longtemps. A l'inverse, on peut imaginer que ces mêmes ouvriers sont privés de sommeil depuis si longtemps qu'ils n'ont pas conscience de vivre de façon décalée en permanence. Les propriétés de l'horloge interne de chacun expliquent vraisemblablement les assez grandes différences entre individus en ce qui concerne de la résistance au décalage horaire de travail. Des chercheurs européens ont d'ailleurs mis en évidence deux types de cycles de température corporelle différents selon que l'on a une bonne ou une mauvaise adaptabilité au travail en brigade. Il semble que, lorsque l'écart entre le maximum et le minimum de la température est plutôt petit (c'est le cas pour les gens du matin, les alouettes), il soit plus difficile de s'adapter au décalage horaire que lorsque cet écart est grand (comme chez les gens du soir, les chouettes). Pour sélectionner les employés les plus adaptables, les chercheurs européens préconisent de faire passer aux candidats un examen médical et de faire remplir un questionnaire de chronobiologie. En pratique, ce type de sélection pourrait cependant être considéré comme discriminatoire selon la législation américaine.

Les troubles du sommeil et les troubles digestifs sont les effets les mieux étudiés du travail en brigade sur la santé. L'analyse des résultats de près de 200 études, portant sur 4 500 employés sur une période de 25 ans, montre que 62 % des personnes interrogées disent avoir des problèmes de sommeil ; seuls 20 % des personnes travaillant exclusivement le jour s'en plaignent. Ces troubles sont aussi bien des difficultés à s'endormir ou à rester endormis que des réveils trop précoces, des difficultés à se lever ou une mauvaise qualité du sommeil. Les travailleurs en brigade attribuent le réveil précoce à différents stimuli environnementaux : sonnerie de téléphone, cris d'enfants, circulations. Ces stimuli ont leur part de responsabilité mais les mauvais emplois du temps sont la première cause de ces insomnies. Lorsqu'ils sont de nuit, ces employés ne dorment en général que de 5 à 6 heures par jour car leur horloge interne essaie de les réveiller pendant la journée. Cependant, s'ils travaillent de nuit pendant 2 à 3 semaines consécutives, ils peuvent arriver à dormir normalement 8 heures dans la journée sans être incommodés par les bruits environnants : les cycles biologiques peuvent s'ajuster progressivement sur un autre horaire. Pendant la Première Guerre mondiale, on a observé une forte recrudescence des problèmes gastriques chez les hommes et les femmes travaillant en brigades dans les usines d'armements qui devaient tourner jour et nuit. Le taux d'ulcères d'estomac était huit fois plus élevé chez ceux qui travaillaient de nuit que chez ceux qui avaient exclusivement des horaires diurnes. Des études récentes n'ont pas retrouvé ces résultats sans doute parce qu'aujourd'hui les gens qui ne supportent pas le travail en brigade peuvent plus facilement trouver un travail diurne. Il n'en reste pas moins que 15 % des travailleurs récemment embauchés en brigades développent des troubles gastro-intestinaux, notamment des ulcères gastroduodénaux et des gastrites.

Ces travailleurs sont souvent persuadés que leur espérance de vie est plus courte. Leur rythme circadien est perturbé, bien sûr, mais il n'existe aucun argument en faveur d'effets à long terme sur la santé. Une étude sérieuse sur 4 000 travailleurs en brigade, 4 000 travailleurs de jour et 500 ex-travailleurs en brigade réalisée sur une période de 10 ans ne montre aucune différence de longévité dans l'un ou l'autre groupe. Un résultat à relativiser car si les 500 personnes du troisième groupe étaient restées en brigades et si 10 % de travailleurs supplémentaires n'avaient pas abandonné le travail en brigade pour « raisons médicales », les résultats seraient peut-être différents.

A l'inverse des hommes, les animaux n'ont pas d'horaires particuliers à choisir. Le Dr Franz Halberg qui a inventé le terme « circadien », a étudié la longévité de 200 souris placées dans les conditions suivantes : un premier groupe de souris est soumis à un horaire normal avec 12 heures de lumière et 12 heures d'obscurité par jour. Un second groupe est soumis au même horaire avec une inversion du « jour » et de la « nuit » chaque semaine. Cela équivaut, pour l'homme, à travailler une semaine le jour et une semaine la nuit, chose relativement courante aux États-Unis, ou à traverser 12 fuseaux horaires chaque semaine. Bien sûr, cette expérience ne reproduit pas exactement les conditions du travail en brigade puisque l'activité des souris est spontanée et pas forcée. L'expérience se termine par la mort naturelle de toutes les souris. Le temps de survie des souris soumises à l'horaire régulier est de 6 % plus long que pour celles soumises à l'horaire alterné. Pour l'homme, cela représente une différence de 5 ans.

Une récente étude faite sur des policiers suédois souligne les rapports entre les horaires anormaux et la longévité. En Suède comme partout, les officiers de police doivent assurer le service 24 heures sur 24. Habituellement, leur emploi du temps change chaque semaine et tourne en sens inverse des aiguilles d'une montre — contre la dérive naturelle de l'organisme. Une équipe de chercheurs suédois a réorganisé les horaires de 45 policiers pour qu'ils travaillent 3 semaines sur l'ancien horaire et 3 semaines sur un nouvel horaire tournant dans le sens des aiguilles d'une montre.

Les taux d'un certain nombre de facteurs de risques coronariens (pression artérielle systolique, lipide, glucose, acide urique, catecholamines) sont mesurés avant et après l'expérience. Les résultats montrent une baisse significative de facteurs de risque des maladies cardio-vasculaires avec le nouvel horaire en retard de phase.

Ce sens de rotation peut également affecter les gens qui travaillent normalement le jour. Récemment, deux chercheurs allemands ont cherché à voir si le passage à l'heure d'été, instaurée pour des raisons d'économie d'énergie, augmente le nombre d'accidents. En mai 1980, la R.F.A. a, pour la première fois, avancé ses horloges d'une heure. Ceci équivalait à une avance de phase, sens inverse des aiguilles d'une montre. Par exemple, les habitués du coucher à 23 heures se mettaient au lit lorsque l'horloge marquait 22 heures. Une avance de phase d'une heure porte le temps d'une journée de 24 à 23 heures, à l'encontre donc de la dérive naturelle de notre horloge interne. Dans la semaine qui a suivi le passage à l'heure d'été, les accidents ont augmenté de façon significative par rapport à ceux enregistrés la même semaine l'année précédente.

D'autres études ont comparé le nombre des accidents de la route après le passage à l'heure d'été (avance de phase) et après le passage à l'heure d'hiver (retard de phase). Les accidents de la route sont un bon marqueur de l'effet des perturbations des rythmes circadiens. Après le passage à l'heure d'été, le nombre des accidents de la route augmente de 11 % par rapport à un autre moment de l'année. Lors du passage à l'heure d'hiver, il y aurait une baisse de ce chiffre.

Le travail en brigade existera toujours. Actuellement, 25 % des gens soumis à ce type d'horaire en sont satisfaits et préfèrent cela au travail diurne. C'est compréhensible, car ils bénéficient de certains avantages : ne pas travailler au milieu de la semaine permet d'aller au cinéma, de skier sans faire la queue, de rester avec ses enfants le mercredi. De plus, les salaires et les primes sont avantageux et, souvent, aussi, le travail nocturne favorise une camaraderie et une ambiance de travail particulière.

Les employés qui peuvent accepter les contraintes des horaires tournants valorisent ces avantages. Pourtant de tels horaires s'accompagnent d'une série d'impératifs contradictoires. Quand le travail impose par exemple à un ouvrier d'être éveillé à 3 heures du matin, la famille peut, elle, lui demander d'être éveillé à 8 heures du matin et à 15 heures. Comme les emplois du temps tournants, franchir les fuseaux horaires impose des contraintes. Mais franchir des fuseaux horaires pose aussi d'autres problèmes appelant d'autres solutions. Les mêmes indices temporels qui perturbent les voyageurs — l'heure de repas, le changement de la durée du jour ou de la nuit et les rythmes de vie sociale du nouveau lieu — peuvent aussi les aider à régler leur horloge interne et à la synchroniser sur le nouvel environnement.

CHAPITRE 4

DÉCALAGE HORAIRE

« Si Dieu avait créé l'homme pour qu'il vole d'est en ouest et d'ouest en est, il aurait tracé l'équateur du nord au sud. »
Anonyme

L'appel pour l'embarquement immédiat à bord du vol New York - Rome retentit par les haut-parleurs. A 20 h, un couple de quinquagénaires monte dans l'avion. Peu après le décollage, un repas est servi. Trois heures plus tard, vers 23 h — heure de New York —, le steward baisse les lumières et les passagers essaient de dormir, mais le bruit et l'inconfort de la position assise rendent le sommeil difficile. Quatre heures plus tard, à 3 h du matin, heure de New York, les passagers sont réveillés pour remplir des formulaires de douane. Les lumières sont rallumées, les rideaux des fenêtres levés et un soleil éclatant brille au-dessus de l'Europe. Le petit déjeuner est servi, mais les passagers y touchent à peine.

Après les formalités de douane, le couple d'Américains arrive à son hôtel à 13 h, heure locale. Il est 7 h du matin à New York. Malgré le désir de voir Rome, ils se sentent épuisés mais décident pourtant de faire une petite promenade en ville. En revenant à l'hôtel, la fatigue les pousse à faire une petite sieste avant le dîner. Ils sont réveillés par la femme de chambre. A leur grande surprise, il est 8 h du matin, ils ont dormi 12 heures ! A la réception de l'hôtel, tout le monde est habitué. La plupart des Américains à Rome perdent leur première journée.

Cette anecdote illustre bien la plupart des inconvénients du décalage horaire — fatigue, envie de dormir irrésistible, horaires de veille et de sommeil inhabituels. Des symptômes dus au déphasage entre les rythmes circadiens du voyageur et le nouvel environnement temporel entraînent une désynchronisation et une privation de sommeil. Si votre horloge interne indique 3 h du matin alors qu'il est midi, heure locale, vous aurez sommeil à l'heure du déjeuner. Inversement, s'il est minuit, heure locale, et 10 h du matin pour votre horloge biologique, vous aurez beaucoup de mal à vous endormir. Même un long trajet pénible — 8 heures en car, par exemple — ne provoque pas d'effets si importants.

Le tour du monde en 8 jours : Wiley Post

Le 23 juin 1931, Wiley Post, un pilote de l'Oklahoma, et son navigateur australien, Harold Gatty, partent pour un tour du monde dans leur avion monomoteur de 27 pieds, le Winnie Mae. Le dirigeable européen Graf Zeppelin vient d'atterrir à Lakehurst dans le New Jersey après un tour du monde en 21 jours. A cette époque, l'avion n'est pas encore un moyen classique de transport intercontinental et le succès du dirigeable menace sérieusement le développement commercial de l'aviation. Conscients de ce danger, Post et Gatty ont entrepris de faire mieux.

En guise de préparation, Gatty a étudié la météorologie à l'échelle de toute la planète, les techniques de navigation aérienne et les routes de vol empruntées par d'autres. Post, le pilote, se prépare pour une nouvelle aventure humaine — 8 jours de vol pratiquement ininterrompu autour du monde. Quand il n'existe aucune règle, il faut créer les siennes.

Pour son entraînement, Post s'est concentré sur deux choses :
1) lutter contre le sommeil et l'inconfort en faisant le vide dans sa tête ;
2) contrôler son sommeil. « Je savais que le passage des fuseaux horaires à mesure que nous progresserions serait extrêmement fatiguant si nous restions habitués à un horaire régulier. Alors tout l'hiver précédant le vol, j'ai essayé de ne jamais dormir aux mêmes heures chaque jour de la semaine. Se soustraire à une habitude aussi forte que dormir chaque jour à la même heure est bien plus difficile que de piloter un avion ! »[10]

Wiley Post avait prévu les effets du décalage horaire, ce qu'il appelait la « variance du temps ». Pendant ce voyage de 8 jours en 15 escales, il emporte avec lui deux montres — sa montre bracelet à l'heure de New York, pour mesurer son record, et une montre fixée au tableau de bord réglée à l'heure locale. Malgré l'entraînement, le sommeil a joué un rôle critique pendant le voyage.

A Hanovre, la deuxième escale après la traversée de l'Atlantique, Wiley Post et Harold Gatty remontent dans leur avion sous les ovations de la foule et des reporters accompagnés d'une fanfare. Or, juste après le décollage, tout le monde est surpris de voir l'avion faire demi-tour et atterrir de nouveau à Hanovre. Wiley

Wiley Post et Harold Gatty devant leur monomoteur de 27 pieds, le Winnie Mae.

et Gatty sont si fatigués qu'ils ont oublié de refaire le plein de carburant !

En atterrissant à Berlin à 20 h 30, Wiley est si épuisé qu'il s'endort plusieurs fois en répondant aux questions d'un journaliste. Avoir sommeil altère la concentration. A certains moments, il ne sait même plus s'il est sur terre ou dans les airs : « Après un certain temps, j'étais épuisé et mon esprit restait concentré sur une seule et même chose, si bien qu'en atterrissant à Chester, pendant quelques minutes, je continuais dans ma tête à voler dans le brouillard. » Cette illusion a même persisté pendant un trajet en automobile ! [11]

Wiley et Gatty étaient en avance sur leur époque ; les problèmes liés au décalage horaire n'ont été pris en compte que bien plus tard lorsque les avions sont devenus plus sûrs et plus rapides et, par conséquent, un moyen de transport courant. 2,4 millions de passagers ont survolé l'océan en 1952 ; 6,6 millions en 1962 ; ils sont des centaines de millions aujourd'hui.

Il y a environ 25 ans, au début des années 1960, pour réduire les temps de vol d'ouest en est sur les trajets tels que Copenhague-Tōkyō, les compagnies internationales ont commencé à utiliser des voies aériennes passant au-dessus du cercle polaire. Dès lors, le nombre de passagers souffrant du décalage horaire s'est brusquement accru, provoquant ainsi une large prise de conscience du problème. Avant, seuls quelques rares cas avaient été décrits. Celui du Secrétaire d'État John Foster Dulles est particulièrement célèbre. En 1953, il part en Égypte négocier le marché du barrage d'Assouan. Malheureusement, l'entrevue officielle a lieu peu de temps après son arrivée et se solde par un échec dû, du moins en partie, à la fatigue de Dulles et de ses collègues. C'est l'Union soviétique qui remporta le marché et exerça longtemps son influence sur l'Égypte. Au retour, Dulles conseille à ses collègues diplomates de ne pas traiter d'affaires importantes trop tôt après un vol international. De nombreuses entreprises ont depuis repris ce conseil et recommandent à leurs hommes d'affaires de ne prévoir aucun rendez-vous important avant un jour, ou plus, après leur arrivée à l'étranger.

Pratiquement tous les voyageurs qui survolent le pôle Nord éprouvent une foule de symptômes étranges : fatigue, désorientation, baisse de concentration et de performance, perte de l'appétit, insomnie, sommeil excessif, courbatures. Curieusement cependant, ces symptômes sont absents chez les passagers qui volent d'Amérique du Nord vers l'Amérique du Sud bien qu'il soit fatiguant de rester assis longtemps dans un fauteuil d'avion. De même, si l'on fait le tour du monde en 8 h en revenant exactement à son point de départ, on n'éprouve absolument aucun signe de décalage horaire.

A l'évidence, voler de longues heures dans un avion ne cause pas en soi le mal du décalage horaire. Le nombre de fuseaux horaires survolés, la fréquence et le sens de survol sont les facteurs les plus déterminants dans l'apparition et l'intensité du mal du décalage horaire. Un vol New York-Chicago, d'est en ouest de 2 heures — soit un fuseau horaire — est évidemment moins perturbant qu'un vol New York-Londres d'ouest en est de 7 heures — 5 fuseaux horaires. En revanche, un vol New York - Lima (Pérou) de 12 heures sans changement de fuseau horaire n'entraîne aucune perturbation circadienne. Ce vol n'est pas plus fatiguant qu'un voyage en voiture de 12 h (voir figure 4-1).

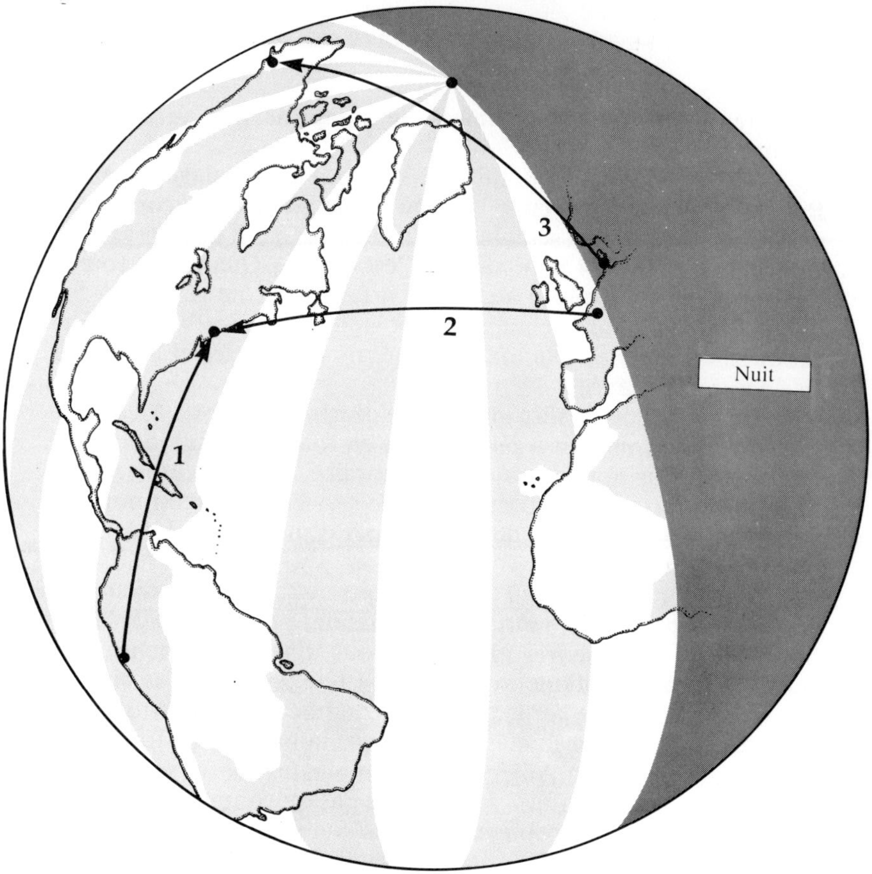

Figure 4.1 - Voyages intercontinentaux.
Vol n° 1 : Voyager sans changer de fuseau horaire ne provoque pas le mal du décalage horaire, même sur un vol de 12 heures Lima (Pérou) - New York.
Vol n° 2 : 8 heures de vol et 5 fuseaux horaires survolés (vol Paris-New York) ne provoquent qu'un décalage horaire modéré. La plupart des gens se réajustent en 2 ou 3 jours.
Vol. n° 3 : Traverser 11 fuseaux horaires en 10 heures (Copenhague-Alaska) représente un décalage horaire très important. Il faut environ une semaine pour se réadapter.

Les problèmes liés au décalage horaire apparaissent lorsque notre horloge interne n'est pas en phase avec la nouvelle heure locale. Par exemple, après un vol New York-Londres, si l'horloge de votre hôtel indique 8 h du matin, votre horloge interne indique 3 h du matin et votre organisme habitué à dormir à cette heure là est plutôt léthargique et peu apte à assurer une activité éveillée. Souvenez-vous que votre horloge interne vous dit l'heure en fonction de son expérience la plus récente et essaie de maintenir l'horaire veille-sommeil habituel. Même après plusieurs années, un accompagnateur de voyages organisés ne s'habitue pas au décalage horaire :

« J'envie les gens qui ne souffrent pas du décalage horaire ! Pour moi c'est une épreuve. Quand je me rends en Europe, pendant toute la première semaine je suis épuisée à 3 h de l'après-midi et pleine d'énergie à 4 h du matin. C'est terrible. Quand je retourne chez moi, je m'effondre au lit à 7 h le soir et me réveille à 5 h du matin pendant une semaine. C'est incroyable ce qu'on peut être productif entre 5 et 7 le matin, à ouvrir le courrier et à remplir les factures impayées.

Comment suis-je sûre que c'est le décalage horaire ? Mes capacités de calcul tombent à zéro. Même en forme, je n'ai jamais été très forte, mais après un décalage horaire, c'est la catastrophe.

Il m'est arrivé de donner 15 F de service au garçon pour un repas de 20 personnes et de me tromper d'un facteur 10 dans les taux de change !

Un jour, à Madrid, en attendant que nos chambres soient préparées, j'ai passé une heure à me demander pourquoi le décalage horaire était de 9 heures alors que nous n'avions franchi que 7 fuseaux horaires. Même avec toute sa tête, ce n'est pas simple. L'Espagne est située sur le même fuseau horaire que l'Angleterre mais reste alignée sur la même heure que la France et l'Italie (une heure plus tard qu'en Angleterre) et en plus, passe à l'heure d'été au début du mois de mars. Je ne pense pas que nous ayons jamais réussi à résoudre ce problème, abrutis comme nous l'étions dans ce hall d'hôtel, tout en essayant d'avoir l'air intelligent ! »

— Extrait du journal d'une accompagnatrice de voyage organisé.

Pourquoi le mal du décalage horaire ?

Le sens d'un voyage, c'est-à-dire d'est en ouest ou d'ouest en est, joue un rôle déterminant dans l'intensité du malaise. Si l'on voyage vers l'ouest — New York - Los Angeles par exemple — il faut retarder sa montre bracelet et son horloge interne de 3 heures, ce qui rallonge la journée d'autant. Si habituellement on dort de 23 h à 7 h et si, arrivé à Los Angeles, on se couche à cette même heure, cela fait une journée de 27 heures. En revanche, si l'on va vers l'est — Los Angeles - New York — il faut avancer sa montre de 3 heures, ce qui fait un jour de 21 heures.

Comme notre horloge interne tourne sur 25 h, on comprend qu'il est plus facile de supporter un vol d'est en ouest qui rallonge le jour. Pour étudier ce problème, on a demandé à des volontaires de prendre l'avion entre l'Europe et les États-Unis dans les deux sens (6 fuseaux horaires). Différents paramètres physiologiques ont été mesurés tels que la température corporelle, la fatigue, les capacités d'éveil psychiques et physiques. Pour récupérer toutes ces facultés, il faut en moyenne 2 à 4 jours si l'on va vers l'ouest et 9 jours si l'on va vers l'est. En réalité, chez les deux tiers des voyageurs allant vers l'est, l'horloge interne se réadapte non pas par un retard de 6 heures mais par une avance de 18 heures. Quand l'horloge biologique ne peut pas s'adapter à un jour plus court, elle dérive en rallongeant les jours jusqu'à retomber sur ses pieds.

Fréquence de franchissement des fuseaux horaires

En 1883, il y avait 54 fuseaux horaires aux États-Unis. A Baltimore, il était 10 minutes de moins qu'à New York mais 6 minutes de moins qu'à Hagestown situé plus à l'ouest dans le Maryland. Il y avait 5 fuseaux horaires pour le seul État du Connecticut. En prenant le train, les voyageurs avaient besoin d'une grande agilité d'esprit pour lire les horaires et les horloges dans chaque nouvelle gare.

En 1884, par un accord international, le globe était divisé en 24 fuseaux horaires d'une heure chacun, le premier passant par Greenwich en Angleterre. Un choix logique car une rotation de la Terre sur son axe dure 24 heures. Ces fuseaux se rétrécissent en allant vers les pôles : d'environ 1 500 km de large à l'équateur, ils ne font plus qu'approximativement 270 km au niveau du cercle polaire, ce qui complique un peu les choses. Donc un vol est-ouest de 12 heures de Copenhague à Tōkyō passant au-dessus du cercle polaire franchit beaucoup plus de fuseaux qu'un vol de même durée entre deux villes proches de l'Équateur. D'une manière générale, il est plus difficile de se réajuster après un décalage de 12 fuseaux horaires qu'après un décalage d'un seul fuseau. Paradoxallement, si l'on franchit 24 fuseaux, on ne ressent aucun décalage horaire.

D'autres facteurs interviennent dans l'intensité du mal du décalage horaire.

Les *zeitgebers*, c'est-à-dire tout ce qui peut donner une indication de l'heure, jouent un rôle particulièrement important. Une expérience a été faite avec deux groupes de personnes après un voyage recoupant 6 fuseaux horaires. Le premier groupe a été placé 7 jours en isolement, sans lumière extérieure, sans indices extérieurs sur l'heure locale et n'a pu suivre que des activités d'intérieur. Le second groupe, en revanche, était libre de ses mouvements et notamment pouvait avoir des activités à l'extérieur. Ceux-là se sont adaptés deux fois plus vite à l'heure locale que ceux du premier groupe. Ainsi, tous les signaux qui ponctuent chaque heure du jour tels que les repas, le travail, la lumière du Soleil favorisent une synchronisation rapide de l'organisme. D'ailleurs, c'est cela qui distingue le changement de fuseau horaire et les horaires de travail alternés. Celui qui travaille la nuit doit s'adapter à la fois aux horaires de travail nocturnes et au rythme de vie diurne de sa famille. Les choses sont donc plus simples pour le voyageur.

Les facteurs suivants favorisent aussi le mal du décalage horaire :

1) l'âge : les personnes âgées souffrent davantage du décalage ;
2) le fait d'être plutôt « du matin », les gens « du soir » supportant mieux le décalage ;
3) la privation de sommeil qui accompagne souvent la préparation du voyage et le voyage lui-même.

Les équipages aériens

Avant la Seconde Guerre mondiale, on volait essentiellement le jour. Aujourd'hui, les équipages aériens vont couramment d'un point à l'autre du globe, à toute heure du jour et de la nuit. De plus, avec le développement de l'automatisation à bord des avions, le pilotage peut parfois être monotone et routinier.

Quitter New York pour l'Europe à 20 h est sans doute le pire des horaires pour un pilote. L'atterrissage a alors lieu à 3 h du matin, heure de New York. Le problème est de savoir si un pilote peut rester bien éveillé à 3 h du matin, au moment où le cycle d'éveil est au plus bas.

Comme on ne voit pas le pilote dans sa cabine — et que, lorsqu'on l'aperçoit, il porte un bel uniforme — les passagers ont une totale confiance en lui. Pour certains, les pilotes sont même des surhommes. Même si les passagers ne peuvent s'empêcher de piquer du nez, ils ne doutent pas un instant que l'équipage reste en pleine forme — comme si leur organisme était plus résistant. Les pilotes n'assurent que mille heures de vol par an, il n'y a donc pas de risque lié à une surcharge de travail. En revanche, les horaires de travail, les décalages horaires et le manque de sommeil peuvent constituer une menace pour la sécurité. Plusieurs études montrent que l'incidence d'insomnie et d'asthénie est beaucoup plus répandue chez le personnel navigant que chez le reste de la population. 87 % des membres d'équipages aériens ont le sommeil perturbé. En plus de ces horaires de travail exigeant d'être debout lorsque le cycle d'éveil est au plus bas et de dormir lorsqu'il est au plus haut, les pilotes dorment sans cesse dans des lieux différents. Ces variations environnementales continuelles — sons, température, altitude, humidité — sont des facteurs de perturbation supplémentaires.

Il y a quelques années, un incident est survenu à bord d'un Boeing 707 : l'atterrissage à Los Angeles était prévu un peu après minuit. Le vol venait de New York et pour l'équipage il était 3 h du matin. Tandis que l'appareil approchait de l'aéroport de Los Angeles, les aiguilleurs du ciel ont été surpris de le voir maintenir son altitude à 32 000 pieds. Les trois membres d'équipage semblaient ignorer totalement les autorisations d'atterrissage répétées provenant de la tour de contrôle. La situation est devenue plus critique lorsque dépassant Los Angeles, l'appareil filait au-dessus du Pacifique, puisant sur sa réserve de carburant. A 150 km de la côte ouest des États-Unis, les contrôleurs aériens ont réussi à réveiller les pilotes endormis, le relais étant assuré par le pilotage automatique. Il restait juste assez de carburant pour retourner sans danger sur Los Angeles.

Ces hommes n'étaient pas de mauvais pilotes. Cet incident rappelle l'erreur de Wiley Post lors de son vol mémorable de 1931. Encore une fois, les horaires de travail n'ont pas pris en compte les exigences des horloges biologiques. On a maintes fois frôlé la catastrophe à cause de problèmes de sommeil liés à de mauvais horaires de travail. A bord d'un avion ramenant 150 passagers d'Honolulu après un vol de nuit, le copilote s'est aperçu que le pilote dormait pendant l'atterrissage à Los Angeles, alors que l'avion n'était plus qu'à 200 pieds du sol. Le copilote l'a réveillé doucement et l'avion a atterri sans problème. Les pilotes avec qui j'ai parlé admettent effectivement que la fatigue peut être parfois un sérieux problème. Nombreux sont ceux à qui il est arrivé une telle mésaventure. Une étude de l'Association des Pilotes de Ligne portant sur près de 1 200 membres d'équipage, rapporte que pour 93 % d'entre eux, la fatigue est un problème en vol.

La solution pour diminuer ou prévenir la fatigue chez les membres d'équipage est la même que pour le problème du travail en brigade : établir des horaires précis. Actuellement, les horaires de vol sont déterminés par la disponibilité des appareils, l'intérêt des passagers (basé sur l'heure locale d'arrivée et non sur le temps biologique) sans tenir compte de la fatigue des équipages. Les instructions de l'Administration Fédérale de l'Aviation, qui n'ont pas beaucoup changé depuis 1934, autorisent 8 h de vol par 24 h pour les vols domestiques et 12 h de vol par 24 h pour les vols internationaux. Aucune considération n'est accordée au mal du décalage horaire ou aux rythmes circadiens.

Le problème de la fatigue chez les membres d'équipage aérien est complexe. Il est difficile d'évaluer la part jouée par la fatigue après un accident aérien. Il semble que la fatigue a été un facteur non négligeable dans la tragédie des Canaries le 27 mars 1977. Deux Boeing 747 se sont percutés sur la piste provoquant la mort de 581 personnes. Après une longue journée de vol, le commandant d'un appareil de la KLM a décollé, sans autorisation de la tour de contrôle, et s'est fracassé sur un avion de la Pan Am.

En 1978, un 707 de la Pan Am s'est écrasé à Bali. L'équipage avait mal interprété un simple message radio. 96 passagers et les 11 membres d'équipage ont été tués. Cette erreur est vraisemblablement imputable à la fatigue due aux horaires de vol — ce n'était pas un horaire particulièrement chargé pour des pilotes, mais extrêmement perturbant quant aux rythmes biologiques et à l'alternance des périodes de veille et de sommeil (voir tableau 4-1).

Les équipages de long courrier sont non seulement soumis au décalage horaire, mais en plus ils ont des horaires de travail très irréguliers. Après plusieurs jours de vols internationaux, les pilotes ne distinguent plus un vol de nuit d'un vol de jour. Il leur arrive souvent d'être complètement déphasés par rapport à l'heure locale. La perturbation des rythmes circadiens chez le personnel navigant est complexe à analyser et propre à chaque individu, dépendant du point de départ et des horaires de travail.

Bien que l'on commence à se soucier de l'équipage lorsque l'on établit des plans de vol, les différentes réglementations en

Jour	Destination	Heure San Francisco	Heures de vol
1	départ San Francisco	19 h 44	5 h 48
2	arrivée Honolulu	1 h 32	
3	départ Honolulu	3 h 39	10 h 56
3	arrivée Sydney	14 h 35	
4	départ Sydney	18 h 21	7 h 09
5	arrivée Djakarta	1 h 30	
5	départ Djakarta	2 h 18	4 h 22
5	arrivée Hong Kong	6 h 40	
6	départ Hong Kong	4 h 00	4 h 30
6	écrasement à Bali	8 h 30	

Tableau 4.1 - Horaires de vol des membres d'équipage du 707 de la Pan Am avant la catastrophe de Bali

vigueur ne prennent pas en compte le principe des rythmes circadiens. Une étude récente portant sur les règlements aériens de neuf pays montre que trois d'entre eux seulement prennent en considération les perturbations liées au franchissement des fuseaux horaires ou à l'irrégularité des horaires de travail. Si le décalage horaire a en général des effets néfastes, il est parfois source d'amélioration des performances. Par exemple, il sera plus facile de repartir sur un vol de nuit à un équipage américain qui arrive en Europe qu'à un équipage européen. Ceci renforce malheureusement l'idée selon laquelle les pilotes ont des pouvoirs surnaturels qui leur permettent de surmonter ce que nous, simples mortels, sommes incapables de faire. Les pilotes sont de cet avis. Un commandant de bord américain disait : « comme il est impossible de faire des réserves de sommeil, il est difficile de préparer son organisme à un long voyage nocturne : la réglementation sur le repos des membres d'équipage ne change rien car ce repos vient de toute façon après le vol ».

Comme chez les travailleurs en brigade, le personnel navigant, soumis à de fréquents décalages horaires, présente plus de troubles du sommeil, de désordres gastro-intestinaux et de troubles nerveux. Ici encore, il n'est pas prouvé que l'espérance de vie soit raccourcie par des vols transméridiens fréquents. De telles études sont difficiles et il est probable que les pilotes, eux-mêmes, ne les encouragent pas car leurs salaires et leurs congés tiennent compte d'une diminution potentielle de l'espérance de vie.

En 1976, l'Administration Fédérale de l'Aviation (F.A.A.) et la N.A.S.A., préoccupées par ces problèmes de sécurité, ont mené une enquête confidentielle : il était demandé individuellement aux pilotes et aux contrôleurs aériens d'établir ce qui, dans l'aviation, constituait un risque. Pour encourager l'opération, les pilotes n'étaient pas poursuivis en cas de violation involontaire des règles de la F.A.A. Les informations recueillies avaient trait aux appareils, aux horaires de vol, à la météo, et à tout ce qui pourrait constituer un risque. Les participants pouvaient aussi faire des remarques sur tous les dangers potentiels que représente un vol et sur des cas concrets d'incidents ou de catastrophes aériennes.

20 000 rapports ont été recueillis en 4 ans. 2 006 d'entre eux (10 %) font allusion à des incidents impliquant la responsabilité de l'équipage, le plus souvent liés à la fatigue. Ces incidents surviennent pendant la descente et l'atterrissage — c'est-à-dire en fin de vol. Le nombre d'erreurs liées à la fatigue augmente entre minuit et 6 heures.

Désormais, dans certains pays, les règlements aériens tiennent compte des rythmes circadiens. En République fédérale d'Allemagne, par exemple, en cas de vol transméridien, il est prévu que l'équipage revienne le plus vite possible à son point de départ. Lorsque cela n'est pas possible, pour éviter le manque excessif de sommeil, les compagnies d'aviation doivent accorder aux pilotes un minimum de 14 h de repos et leur fournir des chambres calmes. Ce type de mesures évite de se synchroniser sur l'heure locale et prévient la fatigue chronique liée aux privations de sommeil répétées.

Il existe aussi des méthodes qui consistent à évaluer pour un vol, le degré de perturbation enduré par les pilotes, en calculant un nombre de points. Ce calcul fait intervenir, entre autres, le nombre de fuseaux horaires traversés, le nombre de vols de nuit successifs, le sens du vol. Le total des points sert ensuite à déterminer la durée du temps de repos dont le pilote doit bénéficier. Ce système permet aussi de répartir les vols de manière plus équitable entre les équipages. On peut cependant admettre une exception à ce partage équitable des missions : les pilotes les plus âgés pourraient être déchargés des missions totalisant le plus grand nombre de points. Même si personne ne peut s'adapter à un horaire très perturbant, les jeunes pilotes ont davantage de résistance pour supporter la fatigue et le manque de sommeil.

Vaincre les grandes distances : la guerre des Falklands

En 1982, pendant la guerre des Falklands, 28 000 soldats anglais ont été transportés sur une distance de plus de 12 000 km à travers 5 fuseaux horaires. C'est la Royal Air Force qui, en plus des missions de bombardement, devait assurer le transport des troupes et le ravitaillement. L'absence d'une base aérienne en avant-poste a constitué un problème considérable pour ces opérations : l'île de l'Ascension, à 6 000 km des Falklands, était la base la plus proche. Il fallait au moins 18 heures pour faire l'aller-retour entre les deux îles (voir Figure 4-2). Pour maintenir une couverture aérienne jour et nuit, il fallait deux équipages à bord d'un même avion, l'un dormant lorsque l'autre pilotait. Évidemment, la fatigue et les problèmes de sommeil étaient au centre des préoccupations.

Des missions de 30 heures étant nécessaires, la R.A.F. avait chargé un chronobiologiste, le capitaine Anthony Nicholson, de trouver un moyen d'allonger les périodes de veille et de sommeil des équipages aériens. Le capitaine Nicholson a utilisé pour cela un hypnotique, le *temazepam*. Ce somnifère de courte durée d'action était administré aux pilotes pour qu'ils puissent dormir à n'importe quelle heure du jour. Ainsi, 8 heures avant une mis-

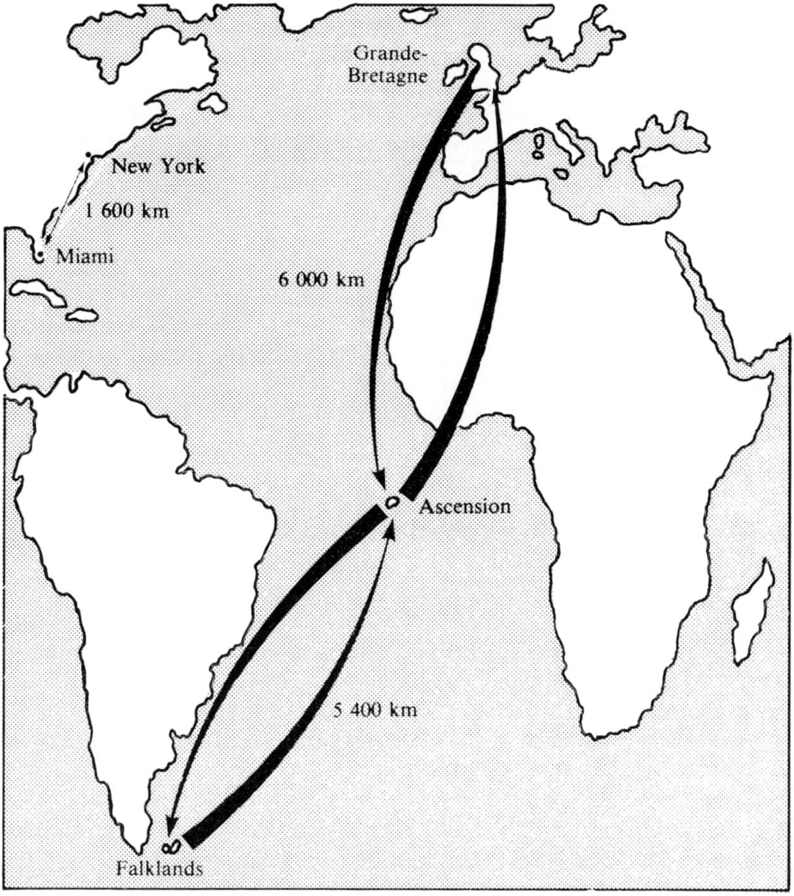

Figure 4.2 - Routes de la R.A.F. pendant la guerre des Falklands.
Avec les recommandations d'un chronobiologiste, les équipages de la Royal Air Force se sont entraînés à améliorer leur sommeil et leur éveil pour accomplir des opérations militaires de 30 heures.

sion, les pilotes devaient prendre ce médicament et dormir aussitôt. Avec des renforcements d'effectifs, l'usage de ces somnifères et le ravitaillement en vol, les équipages ont pu exécuter des opérations de 28 heures à raison de six opérations en deux à trois semaines.

Les résultats ont été excellents. Sur 150 interventions, trois appareils seulement ont été abattus par l'ennemi. Aucun pilote n'a été tué, un seul fait prisonnier.

L'armée de l'air israélienne s'est aussi intéressée au rôle possible des rythmes circadiens dans les accidents aériens. Des chercheurs du centre de médecine aéronautique de l'aviation de l'armée israélienne ont étudié tous les accidents d'avions survenus par la faute du pilote, le jour par temps clair, entre 1968 et 1980. Conclusion : le risque d'accident est plus élevé à 7 h du matin, une heure après le réveil du pilote. Ce risque diminue graduellement pour augmenter à nouveau en fin d'après-midi.

Le dilemme de l'athlète

La fatigue liée aux voyages est un problème de taille pour les athlètes : Karcem Abdul-Jabbar, le célèbre milieu de terrain de l'équipe des Los Angeles Lakers, disait après un score désastreux à Boston contre les Boston Celtics : « Ça doit être à cause du décalage horaire ».

Nombreux sont les entraîneurs qui essaient de tenir compte du décalage horaire et des rythmes circadiens lors des déplacements de leurs athlètes. Il est rare cependant que les solutions qu'ils apportent soient basées sur des recherches scientifiques. Le plus souvent, ils font confiance au traditionnel adage « couché tôt, levé tôt ». Une exception pourtant : l'équipe américaine de volley ball, médaillée d'or aux jeux olympiques de 1984. L'entraîneur Doug Beal, lui-même docteur en physiologie, a appliqué certains principes circadiens pour préparer son équipe. Le match étant programmé pour 21 h, les matchs d'entraînement avaient lieu entre 21 h et 23 h. Les athlètes pouvaient veiller relativement tard le soir et dormir tard le matin. Les horaires de repas et de déplacement étaient calqués sur ceux qu'ils auraient aux moments des jeux. « La participation des joueurs était totale » explique Beal. « Ils comprenaient parfaitement l'importance d'une simulation des conditions de jeux. Il est fondamental de savoir contre qui vous jouez, quand vous jouez et quand vous ne jouez pas. »[12]

Avant le début des jeux olympiques d'été de 1984, j'ai eu l'occasion de rencontrer 90 athlètes olympiques, altérophiles, volleyeurs, judokas et sauteurs. Pour ces jeunes sportifs, les voyages transméridiens sont un problème fréquent. La plupart déclarent qu'il leur faut en moyenne deux jours pour s'habituer au décalage horaire. Huit d'entre eux mentionnent des troubles spécifiques tels que « fatigue », « manque de tonus », « déphasage », « état vaseux » et même « trop fatigué pour bien jouer ». Par exemple, les joueurs de l'équipe masculine de volley-ball font jusqu'à 20 voyages par an, avec souvent un décalage de 6 fuseaux horaires. La plupart de ces joueurs se sentent diminués par le décalage. L'équipe de saut en hauteur, qui voyage souvent en Europe, souffre plus de ces trajets vers l'est.

La moitié seulement des athlètes olympiques avec qui j'ai parlé reçoivent des instructions de leur entraîneur pour mieux supporter le décalage horaire. Des conseils du genre : « lisez, buvez, adaptez-vous le plus vite possible aux horaires locaux, reposez-vous, prenez des somnifères, pas de sieste avant l'heure du coucher » sont des petits trucs efficaces certes, mais qui n'empêchent pas le Comité Olympique Américain de noter une absence totale de programme cohérent. Un programme de rephasage post-décalage horaire s'avère pourtant indispensable quand on sait que 60 % des athlètes américains de la sélection olympique de 1984 avouent que décalage horaire et emplois du temps inadéquats affectent leur condition physique.

Bien sûr, les effets du décalage horaire sont variables d'un joueur à l'autre dans une même équipe. Comme en témoigne ce fantastique joueur de l'équipe de hockey des « Detroit Redwings » : s'il joue le matin, son jeu est souvent brouillon et on lui reproche ses virées en boîte de nuit la veille des matchs. En revanche, entre 19 h 30 et 22 h 30, c'est un des joueurs vedettes de son équipe.

Les voyages dans l'espace

Même dans l'espace, l'homme n'échappe pas aux exigences de son horloge biologique. Les astronautes et les cosmonautes se plaignent de la mauvaise qualité de leur sommeil et de l'accumulation de fatigue durant leurs missions. Le voyageur de l'espace est confronté à un nouvel environnement temporel qui perturbe son horloge interne : longues journées de travail ou longues missions, absence de la « journée » de 24 heures, horaires de travail et de repos sans rapport avec ceux de la Terre, messages radio ininterrompus et enfin, conditions d'apesanteur.

L'enregistrement électroencéphalographique des membres d'équipage de la station Skylab montre que si certains dorment moins dans l'espace, la plupart dorment autant que sur la Terre. Avantage du sommeil dans l'espace — vraisemblablement à cause de l'impesanteur — : on perçoit moins les mouvements de son corps et donc on se réveille moins souvent.

Dans l'espace, les astronautes ne sont plus soumis au cycle de 24 heures des jours et des nuits, à cette alternance lumière-obscurité. En vol orbital géostationnaire, l'alternance lumière-obscurité se fait environ toutes les 100 minutes. A l'inverse, sur la Lune le jour, comme la nuit, durent deux semaines. En dépit des conditions particulières rencontrées dans l'espace, les quelques études faites sur le sujet montrent que l'on peut continuer de fonctionner sur un cycle de 24 heures si les horaires de travail et de repos sont imposées depuis la Terre. Si ce n'est pas le cas, les rythmes biologiques des astronautes vont dériver naturellement, ce qui risque d'aboutir à une désynchronisation des membres d'équipage, chacun adoptant son propre rythme. Pour optimiser le travail d'une équipe, il est indispensable que tout le monde suive le même rythme de travail et de repos. En fait, il est probable qu'à l'avenir le travail en continu soit nécessaire à bord des stations spatiales, ce qui implique le développement d'horaires alternés spécifiques au travail dans l'espace. Or, comme ces astronautes ne seront soumis à aucune contrainte sociale ou temporelle, le mieux serait sans doute de baser leurs horaires sur un cycle journalier de 25 heures.

Combattre le décalage horaire

Wiley Post a traversé l'Atlantique en 16 heures et 17 minutes, deux fois plus vite que Charles Lindbergh en 1927. En 1977, le Concorde reliait New York à Paris en 3 h 45. L'accroissement de la vitesse des avions finit par avoir un effet paradoxal : plus le voyage est court, plus le décalage horaire est grand. Bien sûr, pour celui qui voyage de New York à Paris pour un repas d'affaire, les vols supersoniques éliminent le décalage horaire : dîner à Paris équivaut à déjeuner à New York et l'on peut être de retour à New York à l'heure où l'on rentre habituellement du travail.

En revanche, pour celui qui part plusieurs semaines, la rapidité du voyage augmente sa confusion à l'arrivée. Un vol 747 standard de New York à Paris dure 8 h 15 ; cela permet au voyageur de dormir pendant le voyage et de commencer à réajuster son horloge interne. Les vols du futur en avion orbital, permettant de relier deux continents en 15 minutes, vont considérablement augmenter le décalage horaire. Il faut se rappeler qu'il n'y a pas de décalage horaire si l'on voyage lentement — en bateau, par exemple. Plus vite on voyage, plus grand est le décalage entre l'heure de l'organisme et la nouvelle heure locale.

Que faut-il donc faire pour vaincre le mal du décalage horaire ? Il n'y a pas de solution miracle qui puisse satisfaire tous les voyageurs. Il faut tenir compte de l'itinéraire, du motif du voyage, des horaires des compagnies aériennes, des habitudes de sommeil du voyageur, etc. Un programme informatique (actuellement à l'étude par une entreprise californienne) permettrait à chacun de recevoir des recommandations personnalisées en fonction de ses propres impératifs. Pour le moment, on doit se contenter de quelques conseils généraux.

Quelle que soit la solution adoptée, il faut être conscient que notre horloge biologique est le fruit d'une évolution naturelle sur des millions d'années. Cette horloge interne peut facilement s'adapter aux variations saisonnières de la durée des jours. Or depuis quelques décennies, un nombre croissant d'individus sont soumis à des décalages horaires brusques et fréquents. Il faudra sans doute de nombreuses années avant de trouver le remède idéal, mais il y a déjà quelques solutions pour soulager le mal du décalage horaire.

Les approches comportementales

Arriver en avance

Cette technique est recommandée pour ceux qui voyagent pour un évènement particulier. En arrivant plusieurs jours à l'avance, le voyageur a le temps de s'adapter au décalage horaire avant l'événement en question. Après l'expérience de Dulles (et à la suite de son avis), la plupart des présidents des États-Unis partent pour l'Europe plusieurs jours à l'avance lorsqu'ils participent à un sommet avec des personnalités soviétiques. Arriver tôt ne supprime pas le mal du décalage horaire mais laisse le temps de s'adapter pour être en de bonnes conditions au moment opportun.

Ne pas passer à l'heure locale

Ne pas passer à l'heure locale en gardant sa montre réglée sur l'heure de départ permet d'éviter de dérégler son horloge interne. Dans ce cas bien sûr, on impose à ses hôtes son propre horaire. Ceux-ci trouveront certainement désagréable de voir leur invité dormir de 14 à 22 h et organiser des dîners ou des rencontres à minuit — à moins bien entendu qu'il s'agisse d'un invité particulièrement puissant. Le président Lyndon Johnson, par exemple, lors de ses rencontres au Viêt-nam avec les leaders du pays continuait de vivre à l'heure de Washington. Sur place, il dormait, mangeait et travaillait à l'heure de la Maison Blanche, selon ses habitudes.

Les Vietnamiens ne pouvaient que s'adapter à cet horaire. Même si peu de gens disposent d'une influence comparable à celle du président des États-Unis, n'importe quel homme d'affaires traversant les États-Unis pourrait utiliser ce principe à son avantage. Un cadre commercial de la côte Ouest devrait programmer ses rendez-vous sur la côte Est le plus tard possible. Dans la situation inverse, il devrait prendre ses rendez-vous le plus tôt possible.

Se synchroniser avec le nouvel environnement

Une troisième solution consiste à minimiser le mal du décalage horaire lorsqu'il survient. En débarquant de leur avion, certains essaient immédiatement de s'adapter au rythme et aux habitudes de leur nouvel environnement. Pour réussir, il faut adopter un horaire veille-sommeil régulier correspondant à l'heure locale, et maintenir aussi un maximum de contacts sociaux. De plus, on peut s'aider d'un hypnotique de faible durée d'action tel que l'*Halcion* pour la première ou les deux premières nuits sur place. Il est recommandé aussi de prendre ses repas selon l'heure locale, de sortir de sa chambre d'hôtel et de se promener dehors. On ressent ainsi davantage le décalage horaire, mais le temps d'adaptation en est réduit. Par exemple, notre couple de New-Yorkais parti pour Rome aurait dû éviter de faire la sieste, se coucher à 23 h, heure locale, et se forcer à se lever à 7 h le lendemain. Cela les aurait certainement aidés à s'adapter plus rapidement.

Comment mettre à l'heure son horloge biologique

Pour éliminer le mal du décalage horaire, l'idéal est de remettre à l'heure son horloge biologique exactement comme on remet à l'heure sa montre en débarquant de l'avion. Des études ont montré que certaines substances pharmacologiques peuvent remettre à l'heure une horloge biologique, mais très peu sont efficaces chez les mammifères et aucune chez l'homme. Chez certains organismes inférieurs et à des doses élevées, la caféine, l'alcool, certains inhibiteurs protéiques et des drogues de la famille des *méthylxanthines* sont efficaces. Certaines de ces substances facilitent le réajustement de l'organisme à un décalage vers les heures tardives (l'équivalent d'un voyage vers l'ouest), d'autres à un décalage en sens inverse, vers les heures précoces (l'équivalent d'un voyage vers l'est). Les effets de ces substances sont complexes et encore mal connus. Certains agents chimiques raccourcissent le cycle journalier, d'autres l'allongent ; d'autres encore provoquent les deux effets. Dans tous les cas, le résultat dépend de l'heure à laquelle la substance est administrée. La caféine et l'alcool sont les substances les plus efficaces pour réajuster les rythmes circadiens chez les organismes inférieurs. Aux doses utilisées chez les animaux, ces substances ont beaucoup d'effets indésirables chez l'homme. Des recherches plus approfondies permettront peut-être un jour d'avoir une pilule anti-décalage horaire.

Le régime anti-décalage horaire

Certains chercheurs ont proposé des régimes alimentaires pour faciliter le réajustement de l'horloge biologique, mais il existe encore peu d'arguments expérimentaux en leur faveur. Le régime le plus connu est basé sur des recherches faites chez les rongeurs. Chez ces animaux, l'horaire des repas peut entraîner des décalages de l'horloge interne, mais rien de semblable n'a été décrit chez l'homme. Par ailleurs, un régime riche en protéines stimule l'activité alors qu'un régime riche en hydrates de carbone favorise le sommeil, mais là encore, aucune confirmation n'a été apportée chez l'homme. A part ces quelques témoignages individuels, rien ne présage de l'efficacité d'un régime anti-décalage horaire.

L'armée américaine a étudié sur le terrain l'impact de mesures anti-décalage horaire appliquées à des troupes envoyées des États-Unis en République fédérale d'Allemagne, à 6 fuseaux horaires de différence. Les hommes quittaient le Midwest en avion vers midi pour arriver en R.F.A. tôt le lendemain matin heure locale. Sur place, ils étaient soumis à un régime alimentaire spécial et n'avaient pas le droit de faire la sieste avant l'heure du coucher. A 22 h, heure américaine, chaque homme de troupe recevait à bord de l'avion un somnifère et à 23 h les lumières étaient éteintes avec ordre de dormir 5 heures.

Un groupe témoin, à bord d'un autre avion, n'avait ni somnifère, ni régime alimentaire particulier, ni horaire de sommeil à respecter. Les soldats du groupe expérimental se sont adaptés légèrement mieux au décalage horaire que ceux du groupe témoin grâce, sans doute, au somnifère et aux meilleures conditions de sommeil à bord. Aucune mesure physiologique n'a permis de montrer que l'horloge interne s'était réajustée.

Organiser son emploi du temps

Une autre manière de remettre à l'heure son horloge interne consiste à prévoir le décalage horaire et à ajuster ses horaires de sommeil en fonction. Cette approche demande un effort mais ménage l'organisme. Un voyageur allant de New York à Pékin, par exemple, doit traverser 11 fuseaux horaires. J'ai pu convaincre mon père, qui faisait ce trajet, d'organiser son emploi du temps en s'imposant des journées plus longues. Il a pu ainsi atteindre Pékin sans ressentir le décalage horaire car il s'est progressivement synchronisé sur l'heure de Pékin. Dès le premier jour sur place, il se promenait dans la ville et participait aux exercices matinaux. Les autres membres de son groupe de voyage, certains beaucoup plus jeunes que lui, ont mis 4 ou 5 jours pour s'adapter.

Le voyage vers l'est pose plus de problèmes : il est très difficile d'avancer son horloge interne, on ne peut supporter des jours plus courts que d'une heure par jour. Pour ma part, si je vais de New York à Paris, par exemple, — ce qui consiste à avancer sa montre de 6 heures — je procède comme indiqué au tableau 4-2.

Pour bien réussir cette méthode, je prendrais probablement un somnifère à 21 h pendant le vol car je n'ai pas l'habitude de dormir à cette heure. J'ai effectivement fait cela lors d'un séjour aux sports d'hiver en Suisse, ce qui m'a permis de dormir pendant tout le vol malgré le repas servi à 3 h, heure de New York, le bruit et la lumière. Je n'ai pas eu de problème sur les pistes, mais je suis resté épuisé 2 ou 3 jours. Même s'il a fallu plusieurs jours à mon horloge biologique pour se remettre à l'heure, j'avais diminué les effets du manque de sommeil liés à ce genre de voyage.

Tenir le coup avec des médicaments

Une ordonnance prudente de stimulants et/ou de sédatifs peut aider à supporter le décalage horaire, sans pour autant aider son horloge interne à se remettre à l'heure. Les sédatifs prolongent le sommeil et les stimulants favorisent l'éveil sans modifier le cycle veille-sommeil. Dans une étude récente menée par le Centre sur le Sommeil de Stanford, trois groupes de volontaires sont soumis à un décalage horaire brusque de 12 heures. Les volontaires du premier groupe reçoivent un placebo, ceux du deuxième groupe un somnifère à courte durée d'action et ceux du troisième un somnifère à longue durée d'action. Résultat, le groupe utilisant le placebo dort en moyenne 5,5 heures après le décalage horaire alors que les deux autres groupes dorment 7,5 heures. Cependant, lorsqu'ils doivent s'éveiller après cette première nuit de sommeil, il est clair que personne ne s'est ajusté au nouvel horaire. Les sujets soumis au somnifère de longue durée d'action sont plus fatigués

Heures de sommeil	Heure de New York	Heure de Paris
Habituelle	23 h - 6 h	5 h - 12 h
Nuit précédant le vol	22 h - 5 h	4 h - 12 h
*En vol	21 h - 3 h	3 h - 9 h
*1re nuit à Paris	19 h - 3 h	1 h - 9 h
2e nuit à Paris	18 h - 2 h	0 h - 8 h

* Prise de somnifère

Tableau 4.2 - Vol New York-Paris : 20 heures (New York)-8 heures (Paris) que ceux soumis au placebo qui, avec pourtant deux heures de sommeil en moins, ne subissent pas les effets à long terme du médicament. Avec le somnifère de courte durée d'action, les résultats sont meilleurs mais les performances sont équivalentes à ce qu'elles sont au plus bas du cycle d'éveil.

Recommandations à l'attention des voyageurs qui prennent l'avion et des astronautes

Pour les passagers

En général, le but est de s'adapter rapidement à la nouvelle heure locale. La meilleure solution consiste à ajuster ses repas, ses horaires de sommeil et ses activités immédiatement en arrivant à destination. Ménagez-vous les premières 24 heures et, si possible, ne prévoyez aucune réunion importante les trois premiers jours. Sur place, utilisez un somnifère de courte durée d'action pour mieux dormir la première nuit. Dans la mesure du possible, avant le départ et pendant le voyage, essayez d'anticiper le décalage horaire en ajustant à l'avance vos heures de repas, de sommeil et de travail sur celles de votre destination.

Pour les équipages aériens

Le but est de rester alerte pendant le service. Évitez de vous ajuster sur l'heure locale en restant le plus possible sur l'heure de votre point de départ. Conservez sur vous une montre indiquant à la fois l'heure locale et l'heure de votre point de départ. Évitez les somnifères de longue durée d'action ; ceux-ci peuvent en effet agir sur votre activité ultérieure. Faites la sieste pour limiter le manque de sommeil. Évitez de travailler le premier jour de retour à votre point de départ.

Pour les compagnies aériennes

Le but est d'assurer la rentabilité tout en maintenant une sécurité maximale. Prenez en considération les rythmes circadiens de l'éveil pour établir l'emploi du temps des équipages. Il faut prendre en compte : les heures de départ, le nombre de fuseaux horaires traversés, le sens du vol autour de la Terre, la durée de la mission, le nombre de vols de nuit, etc. Rappelez les équipages à leur point de départ le plus vite possible. Dans le cas contraire, prévoyez des chambres calmes pour leur permettre de dormir. Affectez les équipages les plus jeunes aux vols les plus durs — vols de nuit traversant un grand nombre de fuseaux horaires.

Pour les athlètes

Si vous allez vers l'est, partez le plus grand nombre de jours possible à l'avance. Si vous allez vers l'ouest, faites coïncider à l'avance vos heures d'entraînement avec l'heure de votre compétition. Un match de basket de 20 h à 23 h à Los Angeles équivaut à un match de 23 h à 2 h à Boston. De la même façon, un coup d'envoi à 13 h à New York aura lieu à 10 h à Los Angeles — heure à laquelle sans doute beaucoup de joueurs ont encore sommeil. Il serait même souhaitable d'envoyer à l'avance sur les lieux un joueur vedette qui ne jouerait pas tous les jours avec son équipe.

Pour les astronautes

Conservez un cycle travail-repos proche de 24 heures. Si un travail continu est nécessaire, il faut séparer les lieux de repos et les lieux d'activité.

Il existe bien sûr des circonstances où tous ces avis sont inutiles. Aux passagers ordinaires — avec lesquels nous avons ouvert ce chapitre — je dois avouer que j'ai écrit une grande partie de ce chapitre à bord d'un avion. Au cours des dernières 48 heures, j'ai voyagé selon l'horaire présenté au tableau 4-3 : un emploi du temps épuisant de deux jours.

Même si le décalage horaire est peu important à chaque trajet, porter des bagages, attendre dans les aéroports, dormir dans des endroits inhabituels est épuisant et irritant (au moment où j'écris ces mots je suis à bord du vol allant de Denver à Gillette). Les yeux me piquent, j'ai mal à la tête et mal au cou. Voyager est toujours fatiguant, même sans décalage horaire. D'ailleurs le mot « voyage » en anglais (travel) vient du français « travailler ».

Villes	Nombre de fuseaux traversés
de San Francisco à Chicago	2 vers l'est
de Chicago à Indianapolis	1 vers l'est
de Indianapolis à Chicago	1 vers l'ouest
de Chicago à Denver	1 vers l'ouest
de Denver à Gillette, Wyoming	0
de Gillette, Wyoming à Denver	0
de Denver, à San Francisco	1 vers l'ouest

Tableau 4.3 - Un emploi du temps épuisant de deux jours

CHAPITRE 5

POURQUOI DORMIR ?

> *« Après 168 heures de privation de sommeil, l'un des sujets s'est brutalement effondré lors d'un examen psychomoteur. Il s'est mis à hurler de terreur en arrachant ses électrodes et à proférer des paroles incohérentes au sujet d'un gorille imaginaire. »*
>
> *Extrait de* Sleep : Physiology and Pathology, A Symposium.[13]

Par des expériences de privation volontaire du sommeil, les chercheurs essayent d'expliquer la fonction du sommeil et de déterminer quelles sont les conséquences physiologiques principales du manque de sommeil. La mémoire, la coordination ou la fonction cardiaque pourraient être affectées. La privation de sommeil peut susciter n'importe quelle réaction, depuis une simple instabilité jusqu'à une certaine incohérence de comportement ; mais même dans un cas aussi dramatique que celui qui figure en exergue de ce chapitre, nous ne sommes pas plus éclairés sur le rôle du sommeil. Les hallucinations liées à la privation de sommeil sont de courte durée. Il suffit d'une bonne nuit de sommeil pour être en forme et retrouver toutes ses facultés.

Alors, à quoi sert le sommeil ? A l'évidence, dormir nous aide à nous sentir bien et à être en meilleure forme le lendemain. Mais, pour un chercheur, cette réponse est insuffisante. Chaque nuit, quand nous dormons, il y a forcément des effets physiologiques importants. Mais trente ans de recherches intensives et des siècles d'interrogations philosophiques n'ont pas résolu le problème.

La recherche de la raison d'être du sommeil implique une première idée difficilement acceptable : le sommeil peut être considéré comme un état physiologique particulier doté d'un rôle qui lui est propre. Cet aspect du problème est si vaste que cela équivaut à se demander pourquoi on se réveille et à quoi sert d'être éveillé.

Il ne faut peut-être pas se demander pourquoi on dort, cette question étant sans réponse. De même que se succèdent le jour et la nuit, que s'ouvrent et se ferment les pétales des fleurs, que se divisent les cellules... les hommes dorment et veillent. Environné par tous ces rythmes, l'homme est peut-être intrinsèquement animé de rythmes.

Examinons quelques-unes des grandes théories sur la fonction du sommeil. On pourrait définir le sommeil comme « un état d'inertie et de perte de conscience temporaire, facilement réversible ». Mais on pourrait aussi bien dire que l'état de veille est « un état d'activité et de conscience temporaire duquel on peut facilement sombrer dans le sommeil » !

Pour aborder les différentes théories sur le sommeil, il est très bon de voir le sommeil et l'état de veille comme des comportements réciproques.

L'intérêt que portent les hommes pour le sommeil et les rêves remonte à l'Antiquité. Pour expliquer les grands mécanismes du sommeil que nous connaissons, Aristote a proposé un modèle nutritionnel et digestif. L'endormissement s'expliquerait par un processus d'évaporation interne correspondant à la différence entre la nourriture ingérée et les excrétions de l'organisme. La nourriture serait transformée en gaz ; ces substances vaporisées s'échaufferaient alors pour gagner le cerveau et le plonger dans le sommeil. Telle est l'explication d'Aristote sur l'endormissement postprandial. Chaque génie a sa théorie. Groucho Marx imagine un système semblable : « le sang descend de la tête aux pieds ; et la tête, vue des pieds, lui donne envie de remonter immédiatement ». Toujours selon Aristote, le refroidissement des substances alimentaires vaporisées provoque l'éveil. Sa théorie a influencé beaucoup de médecins : le sommeil serait un processus de restauration dû à une hypotoxine (substance synthétisée momentanément dans l'organisme pour disparaître ensuite, comme le sable dans un sablier). De nombreuses équipes de recherche ont essayé de mettre en évidence cette hypothétique hypotoxine ou facteur S(ommeil) qui, extraite du sang d'un animal, pourrait provoquer le sommeil d'un autre animal. Les résultats de ce type d'expérience se sont avérés négatifs dans l'ensemble et irreproductibles. Même des frères siamois qui partagent le même système circulatoire peuvent dormir de manière indépendante. Le sommeil ne semble donc pas contrôlé par une simple substance chimique.

Le sommeil serait-il alors simplement l'occasion, pour l'organisme, de se reposer ? Si c'était le cas, 8 heures de repos auraient le même effet que 8 heures de sommeil — et il serait inutile de sombrer chaque jour dans l'inconscience. Certains ont tenté de rester au lit sans dormir de toute la nuit. Au matin, ils sont fatigués et tombent de sommeil toute la journée. Or, si une bonne nuit de sommeil favorise les performances du lendemain, une longue nuit de repos se solde par une baisse de performances. L'organisme fait donc clairement la différence entre sommeil et repos, le sommeil étant de loin le plus important.

On a commencé à s'intéresser au rôle du cerveau dans le sommeil avec l'apparition, dans les années 1920, d'une épidémie de « maladies du sommeil ». Il s'agissait d'une encéphalite virale. En 1925, von Economo décrit deux syndromes de cette maladie : une forme avec insomnie et une forme avec hypersomnie. Chacun de ces deux syndromes correspond à la dégénérescence d'une aire particulière du cerveau. Cette découverte montre qu'il existe deux centres cérébraux distincts, l'un responsable de l'endormissement, l'autre de l'éveil. En 1929, on invente l'E.E.G. (électroencéphalogramme), méthode non invasive de mesure de l'activité cérébrale. Pour la première fois, les scientifiques peuvent étudier le sommeil d'animaux ou d'êtres humains, sans les réveiller. Mais il faut attendre les années 1950 et l'introduction de méthodes modernes, à l'Université de Chicago, pour voir l'E.E.G. utilisé à sa juste valeur dans l'étude des différents stades du sommeil. C'est le début d'un nouvel espoir de percer le mystère de la fonction du sommeil.

Au XXe siècle, en Union soviétique, en Italie et aux États-Unis naissent des théories sur le sommeil à partir d'enregistrements électrophysiologiques de différentes parties du cerveau chez l'animal : le sommeil serait un état physiologique normal ; mieux vaudrait donc concentrer les recherches sur les centres cérébraux responsables de l'éveil. Chez les chats, on identifie des régions subcorticales qui provoquent le réveil de l'animal lorsqu'elles sont stimulées par une décharge électrique. On découvre aussi d'autres centres responsables de l'endormissement. (Ces études exigent des contrôles attentifs car le chat dort 60 % du temps.)

Ces découvertes confirment que le cerveau est le centre de contrôle du sommeil, mais elles n'apportent aucune explication quant au rôle du sommeil.

Si l'on pense au film « 2001, l'Odyssée de l'espace » — où l'on voit, une nuit à l'aube de l'humanité, des hommes singes se serrer autour d'un feu — on peut imaginer que le sommeil a évolué au cours des âges pour assurer une fonction particulière. Il s'agit peut-être pour l'Homo sapiens d'un moyen de conserver son énergie pour se protéger des dangers de l'environnement. Même aujourd'hui, dans nos sociétés civilisées, on ne se sent pas en sécurité la nuit dans les rues mais on se rassure une fois chez soi, au chaud et protégés. Si l'on considère le sommeil comme un système de protection, on peut alors imaginer que le rêve est un mécanisme d'éveil périodique qui permet de réagir à un danger proche lorsque l'on dort.

Peut-être aussi le sommeil est-il nécessaire à la mémoire, à la synthèse des protéines, au développement de connections nerveuses ou à d'autres fonctions physiologiques. Pour les chercheurs, toutes ces hypothèses sont à examiner. En premier lieu, il s'agit de comprendre pourquoi une perte de conscience s'impose. « Si le sommeil ne remplit pas une fonction absolument vitale, c'est qu'il s'agit de la plus grosse erreur de l'évolution », commente le Dr Allan Rechtschaffen qui, pour confirmer que le sommeil est vital, a mené une série d'expériences où l'on place une paire de rats sur des disques. L'un est privé de sommeil : dès qu'il semble s'endormir, le disque tourne, l'obligeant à marcher et à rester éveillé. Le second rat sert de contrôle : il est lui aussi placé sur un disque mais peut dormir entre les mises en mouvements. Bien que normalement alimenté, le rat privé de sommeil meurt en un mois ; le rat de contrôle, lui, reste vivant. L'autopsie de l'animal mort montre de nombreuses anomalies, notamment au niveau du cerveau. Il est donc certain, au moins chez le rat, que le sommeil a une importance vitale. A l'évidence, les hommes ont eux aussi besoin de dormir, mais cette expérience ne nous en fournit toujours pas la raison.

Il n'existe aucune théorie globale qui permette d'expliquer le rôle du sommeil. Une telle théorie devrait prendre en compte des aspects aussi divers que l'existence de centres nerveux distincts assurant ces deux fonctions, les rythmes circadiens et la psychophysiologie du rêve. A l'heure actuelle, on dispose bien de quelques connaissances sur l'un ou l'autre de ces points, mais on est incapable de recoller ensemble les pièces de ce puzzle. Au cours d'un récent voyage en Union soviétique, j'ai pu voir que les chercheurs soviétiques ne sont guère plus avancés que nous : « le sommeil est un processus de régulation du métabolisme et des inter-relations temporelles entre les structures et les activités de systèmes fonctionnels », concluaient-ils lors d'un symposium sur le sommeil en 1982.[14]

La privation de sommeil

Pour étudier la fonction d'un comportement, il est logique d'observer ce qui se passe s'il est supprimé. L'étude du rôle du sommeil chez l'homme passe donc par l'examen d'individus privés de sommeil. A priori, on imagine de terribles conséquences, surtout quand on sait qu'il s'agissait là du mode de torture favori de la Sainte Inquisition. La toute première étude de ce genre a été publié en 1896. Une équipe de psychologues ont mis trois hommes sous étroite surveillance, maintenus éveillés pendant 90 heures consécutives (4 jours moins 6 heures). Ils ont tous trois présenté une baisse de leurs capacités psychomotrices et ont été sujets aussi à des hallucinations ; après 12 heures de sommeil seulement, tous ces symptômes avaient disparu.

Dans ce type d'expérience, la tendance naturelle des sujets à sombrer dans le sommeil constitue un vrai problème. Plus le temps passe, plus ils ont envie de dormir. En 1935, un homme a été privé de sommeil pendant 231 heures. Pour y arriver, il devait éteindre un réveille-matin toutes les deux minutes. Il a été victime de violentes hallucinations. En 1959, Peter Tripp, un disk-jockey, est resté éveillé 200 heures d'affilée dans une boîte de nuit de Times Square. Un exploit pendant lequel il s'est soumis à une surveillance physiologique complète assurée par une équipe de chercheurs qui ont utilisé des techniques modernes d'investigation du sommeil. Au bout de 4 à 5 jours, Tripp a eu des hallucinations et des troubles paranoïaques qui ont totalement disparus après treize heures de sommeil ; et sans laisser aucune séquelle ! L'E.E.G. pris pendant l'expérience a montré de brefs épisodes de sommeil de 2 à 3 secondes. Des « micro-endormissements » qui empêchent toute vraie privation de sommeil chez l'homme.

Les manifestations mentales dues à la privation de sommeil ne sont pas d'ordre psychotique. Les hallucinations sont surtout tactiles, visuelles et de courte durée. Chez les psychotiques, en revanche, les épisodes hallucinatoires sont d'ordre auditif et chronique. Selon le livre des Records, le « Guiness Book of World Records », c'est Maureen Weston, de Perterborough en Angleterre, qui détient le record mondial de privation de sommeil. A l'occasion d'un marathon de chaises à bascules en 1977, elle est restée 449 heures sans dormir, soit 18 jours et 17 heures. Elle aussi a eu des visions vers la fin, mais n'en garde aucune séquelle.

Aucun décès ni problèmes de santé à long terme n'ont finalement pu être observés après des expériences de privation de sommeil prolongées. C'est en général après 100 heures de privation que commencent à apparaître les hallucinations et délires paranoïaques qui varient selon le profil psychologique du sujet et la durée de l'expérience. Simultanément, on observe un regain d'appétit, des pulsions sexuelles, une baisse des capacités psychomotrices, une envie de dormir et des micro-endormissements ; on note aussi parfois une augmentation de la sensibilité à la douleur, une chute des paupières, une baisse de l'accommodation visuelle voire un léger tremblement des mains. Toute motivation disparaît, comme toute volonté d'accomplir les tâches les plus simples. Les sujets se sentent extrêmement fatigués et glauques. Le rétablissement est toujours complet après une bonne nuit de sommeil dont la durée n'est pas en rapport avec le temps de privation. La plupart des individus dorment environ 12 heures et retrouvent rapidement des nuits de huit heures. Curieusement, les capacités psychomotrices ne s'altèrent pas systématiquement. Le Dr William Dement rapporte le cas d'un jeune homme de 17 ans qui, pendant une expérience de privation de sommeil de 11 jours, réussissait à le battre au flipper... mais se révélait incapable de compter jusqu'à 100. Ainsi, tout est question de motivation. Plus l'envie de dormir augmente, plus le sujet a du mal à accomplir correctement un exercice intellectuel ou physique.

Le chercheur Wilse Webb, un spécialiste dans ce domaine, décrit les effets de privation de sommeil en ces termes :

« La privation de sommeil n'empêche pas de faire des maths ou de jouer aux échecs. Ce qui s'altère, c'est la volonté ; on aimerait mieux dormir. On ne se trompe pas dans l'action mais on « oublie » d'agir. Regardez, par exemple, les entraînements de l'armée israélienne. Les hommes, du commandant de char au simple soldat, sont tenus de se soumettre à l'une des premières règles de survie dans le désert : remplir sa réserve d'eau chaque fois que c'est possible. Or, après plusieurs jours d'entraînement où ils sont privés de sommeil, les soldats oublient rapidement de respecter cette règle sans perdre cependant la capacité à tirer ou à bien commander. Autre cas : l'entraînement des militaires en Angleterre. Au nord, il fait froid et les soldats sont donc censés changer de chaussettes dès que leurs pieds sont mouillés, pour éviter la morsure du froid. Là encore, au bout de quelques jours, ils n'y pensent même plus. Mais rien ne les empêche de tirer dans le mille. Ils suppriment en fait les tâches les plus ennuyeuses. Même chose pour les infirmières de nuit : elles ne se trompent jamais dans les prescriptions, mais oublient de traverser le couloir pour voir si tout va bien dans une chambre. Les tâches monotones et non imposées sont les plus difficiles à accomplir. Une charmante prière de l'Église Épiscopale dit : « Seigneur préservez-moi, empêchez-moi d'oublier de faire ce que je devrais avoir fait. » C'est effectivement ce qui se passe : la première chose que vous oubliez de faire est celle que vous auriez dû faire. Au volant, avec assez de motivation, vous réussirez à parcourir vos derniers kilomètres ; mais si vous êtes exténué, vous abandonnerez. Ce n'est pas votre capacité à raisonner ou votre mémoire qui s'en va, c'est votre volonté de poursuivre. »[15]

Tous les résultats obtenus sur la privation de sommeil sont plutôt décevants. Pour ma part, après de nombreuses recherches sur le sommeil, je pense que celui-ci remplit une fonction vitale. Or, si c'est le cas, la privation de sommeil devrait avoir des effets dramatiques. Or, nous avons montré pour le moment que la privation de sommeil donne seulement envie de dormir ! C'est peut-être une base de départ que nous devons accepter. A l'inverse du rat, l'homme a des capacités d'adaptation remarquables. L'absence de sommeil nous ralentit mais ne nous tue pas. A ce titre, l'histoire du Señor Izquierdo (voir encadré), est édifiante : il ne dort plus depuis 40 ans et il est toujours en vie !

Sommeil et santé

De quelle quantité de sommeil ai-je besoin ? Voilà une question bien embarrassante pour un spécialiste du sommeil. Or, dès que quelqu'un connaît mon métier, il me la pose. Quand je n'ai pas envie d'être dérangé, en avion par exemple, je me contente de répondre : « 7 ou 8 heures ». Mais si je suis plongé dans une conversation sur le sujet, j'explique : « Puisque nous ignorons le rôle du sommeil, il est impossible de dire combien de temps il faut dormir. » Pas très satisfaisant ! Surtout pour mon interlocuteur qui sait pourquoi il a besoin de dormir : pour se reposer et être en meilleure forme le lendemain. Mais moi, je pense aux centaines d'expériences sur le sujet. A la façon des Esquimaux qui ont cent mots pour désigner la neige, je peux donner cent réponses différentes à la question posée. Après 25 ans de recherches intensives, nous sommes toujours incapables de répondre à cette question fondamentale.

Il n'y a pas de chiffre magique. Le temps de sommeil quotidien varie selon l'âge et la personne. Les statistiques montrent que 90 % des Américains dorment entre 6 et 9 heures par jour, avec une moyenne de 7 à 8 heures. Mais personne n'est pareil et dire que tout le monde doit dormir 7 à 8 heures par jour est aussi ridicule que d'imposer le 38 et le 42 comme pointure de chaussures.

Si vous voulez vraiment connaître le temps de sommeil dont vous avez besoin, faites le test suivant : pendant une semaine, dormez tous les jours de 23 heures à 7 heures. Ensuite, essayez de dormir quelques jours entre une heure et cinq heures. Si vous restez en pleine forme, alors quatre heures de sommeil vous suffisent.

L'homme qui n'a pas dormi depuis la Seconde Guerre mondiale

Par Robert Powell
(extrait de *San Francisco Chronicle*, 22 avril 1986)
San Antonio de Los Banos, Cuba.

Les lunettes noires de Tomas Izquierdo qui protègent ses yeux sensibles sont le seul signe extérieur qui pourrait montrer qu'il n'a pas dormi depuis plus de 40 ans.

Cet ouvrier retraité du textile est encore jeune et alerte pour ses 53 ans.

Il vient d'avoir un fils de sa seconde femme. Un dossier médical impressionnant révèle qu'il a perdu la faculté de dormir depuis la fin de la dernière Guerre mondiale et qu'il reste éveillé en permanence depuis.

« Aucun cas de ce genre n'a jamais été décrit » affirme le Dr Garcia Fleites, un des meilleurs psychiatres cubains, qui suit Izquierdo depuis seize ans.

En 1970, Izquierdo a été maintenu en observation pendant près de 15 jours par une équipe de médecins à l'Hôpital Psychiatrique de La Havane. Même au repos, les yeux fermés, son électroencéphalogramme continue de montrer une activité cérébrale identique à celle d'une personne éveillée.

« Il a perdu le sommeil naturel », révèle le psychiatre d'Izquierdo. « L'état le plus proche du sommeil qu'il peut atteindre est une espèce de somnolence produite par les médicaments que je lui prescris. »

Comme tout un chacun qui ne peut vivre plus de quelques jours sans dormir, Izquierdo se fatigue et doit se reposer périodiquement.

Même dans un état de somnolence provoqué par la prise de drogues, il ne peut échapper complètement à l'éveil forcé qui le possède depuis 1945.

« Je rêve comme tout le monde. A la seule différence que je sais parfaitement que je suis éveillé et actif », raconte Izquierdo dans sa petite maison de La Havane.

Garcia Fleites et lui-même ont chacun leur idée sur l'origine de cette insomnie chronique. Selon son psychiatre et selon d'autres médecins ayant étudié le cas, le centre du sommeil dans le cerveau d'Izquierdo a probablement été endommagé lors d'une encéphalite — une inflammation du cerveau — à l'âge de 13 ans.

Izquierdo, lui, pense que son insomnie provient d'un traumatisme psychologique. Une hémorragie était survenue au cours de l'ablation de ses amygdales. Le flot de sang qui sortait de sa bouche l'avait terrifié au point qu'il croyait mourir.

Cette sensation de mort imminente avait perduré sous la forme de cauchemars et Izquierdo affirme s'être empêché de dormir pour s'y soustraire. Selon lui, c'est ainsi qu'il avait perdu l'envie de dormir en quelques semaines.

Depuis, plus de quarante médecins ont tout essayé, en vain, pour lui rendre le sommeil : hypnose, électrochocs, acupuncture, médicaments expérimentaux...

Izquierdo s'est même tourné vers le Vaudou et la voyance, mais sans succès.

Appelé amicalement par ces concitoyens de San Antonio de Los Banos « Tomas qui ne dort pas », Izquierdo doublait son temps de travail à l'usine textile locale. Il est parti à la retraite en 1968 pour raison médicale lorsque sont apparus des symptomes liés à son incapacité à dormir.

Selon Garcia Fleites, la mémoire d'Izquierdo s'affaiblit. Izquierdo admet lui-même ne plus se souvenir de certaines dates ou du contenu d'un livre qu'il vient de lire.

Aujourd'hui, il passe son temps en rendant des petits services à ses amis et en conduisant au mariage des couples dans sa Chevrolet Bel Air 1955 immaculée.

La méditation transcendentale constitue pour lui la meilleure forme de relaxation. La plupart des nuits, vers 3 ou 4 h, il se plonge quelques heures dans un état de stupeur par méditation ou par l'absorption de médicaments. Parfois, il peut passer agréablement plusieurs jours sans repos.

« Il y a des jours ou c'est juste le contraire » dit-il. « Il y a des jours où je ne suis bon à rien. Je me sens complètement lessivé, mentalement surtout, mais physiquement aussi. »

« C'est une tragédie » philosophe Izquierdo, « c'est une tragédie avec moi-même ».

Quand nous faisons ce type d'expérience en laboratoire, nous faisons des mesures précises de la performance et des capacités psychomotrices des individus testés. Nous observons alors que le besoin de sommeil est souvent supérieur à huit heures par jour.

Mais cette durée idéale est souvent réduite par les obligations professionnelles et familiales. En fait, nos besoins quotidiens de sommeil sont vraisemblablement programmés génétiquement et il n'y a donc pas grand-chose à faire pour modifier ce rythme. Nous connaissons souvent notre temps de sommeil minimal. Par exemple, cinq heures me suffisent pour être bien le lendemain. Avec quatre heures, j'ai sommeil. Et si je ne dors que trois heures, je dois lutter pour rester éveillé l'après-midi. Cette limite de quatre heures et demie-cinq heures est la plus répandue. En deçà, l'humeur et mes capacités en souffrent.

Depuis peu, je donne une réponse plus satisfaisante : « Le bon temps de sommeil est celui qui vous permet d'être en forme le lendemain. » Et j'ajoute : « Des tests psychologiques permettent maintenant de mesurer avec précision votre dynamisme. » (Voir chapitre 7 la façon de mesurer si vous êtes en conditions physiques et psychiques optimales ou anormales.) Je précise aussi que le temps de sommeil peut jouer un rôle dans la longévité.

En 1959, la Société Américaine de Cancérologie a travaillé sur un échantillon représentatif de plus d'un million d'Américains de la baie de San Francisco pour chercher à déterminer quels éléments de notre mode de vie influencent le plus notre longévité. Les individus testés ont été recontactés six ans plus tard. Curieusement, la durée du sommeil quotidien est apparue comme l'un des meilleurs marqueurs. Pour certaines tranches d'âge, les hommes qui dorment 4 heures par jour ont dix fois plus de risques de mourir que ceux qui dorment entre 7 et 7,9 heures par jour. Mais dormir longtemps n'est pas mieux : le taux de mortalité est deux fois plus élevé chez ceux qui dorment 10 heures ou plus. Même ceux qui dorment 8 à 8,9 heures ou 6 à 6,9 heures par jour ont un taux de mortalité supérieur à ceux qui dorment de 7 à 7,9 heures par jour. Chez les grands dormeurs, les infarctus, les embolies cérébrales et les anévrismes de l'aorte sont les causes de décès les plus fréquentes. L'insomnie n'est pas liée à une diminution de l'espérance de vie mais l'usage fréquent de somnifères majore le risque.

Le Centre National de Recherches des Services de Santé des États-Unis confirme ces résultats : le temps de sommeil est un des six principaux facteurs qui affectent la mortalité et la morbidité. Il y a aussi le tabagisme, la consommation d'alcool, le manque d'exercice physique, les horaires de repas irréguliers et l'obésité.

L'espérance de vie d'un homme de 45 ans qui ne présente aucun de ces six problèmes sera de 11 ans plus longue que s'il en présente au moins trois. Pour les femmes, l'espérance de vie est de 7 ans plus longue.

Moins de sommeil pour plus de travail ?

Thomas Edison pensait que tout Américain entreprenant devrait réduire son temps de sommeil et passer plus de temps à inventer. Il se plaisait à dire qu'avec volonté et discipline, on peut surpasser la biologie. La légende dit qu'il dormait très peu la nuit mais faisait des petites siestes comme les chats. En fait, son journal révèle qu'il essayait de dormir 4 ou 5 heures par nuit et avait de telles difficultés à se lever qu'il se laissait aller à dormir une heure de plus. De surcroît, il faisait souvent la sieste. Edison considérait le besoin de dormir comme un héritage de la vie des hommes des cavernes (il n'a peut-être pas tout à fait tort) et il espérait bien libérer l'homme de cette contrainte grâce à la lumière électrique. Un siècle après l'invention de l'ampoule électrique, nous dormons quasiment tous toujours un tiers de notre vie. Si Edison était un grand inventeur, il était un bien mauvais physiologiste !

Beaucoup tentent de réduire leur temps de sommeil dans le but de mieux remplir leur journée, solution à l'éternel problème : pas assez de temps pour tout faire. Un certain nombre de spécialistes du sommeil se sont penchés sur la question. Les études portant sur la restriction partielle du sommeil se font sur un nombre limité de nuits consécutives. Le jour suivant une nuit raccourcie, les individus voient leurs capacités baisser uniquement pour les tâches ennuyeuses et répétitives — additionner des colonnes de chiffres par exemple. Si le temps de sommeil est réduit de 8 heures à 5 h 30 pendant plusieurs nuits, les mesures de performances restent à peu près stables, sans réduction de la compétence. Le peu de réponses aux tests de vigilance de routine s'expliquent par une perte de motivation. Si la première semaine les sujets se plaignent de somnolence, au bout de trois semaines ils n'ont plus la moindre envie de dormir. On s'attendrait donc à les voir conserver ces horaires au-delà de l'expérience. Mais non, à la fin de l'épreuve, ils reprennent tous leurs nuits de huit heures parce que « on se sent mieux pendant la journée si on dort plus ».

Même si les gens sont capables de dormir 2 h 30 de moins sans trop de difficultés, ils ne le font en général qu'en cas de nécessité.

A l'évidence, dormir le tiers du temps est un besoin physiologique ; dormir moins conduit à se sentir moins bien et dormir trop ou trop peu est sans doute néfaste pour la santé. Il est difficile de tromper mère Nature ! Très peu de gens normaux dorment longtemps (10 heures) ou peu (2 à 3 heures) en restant en forme toute la journée. Il y a, bien sûr, des malades atteints de troubles du sommeil caractérisés par un temps de sommeil très long associé à des troubles de l'activité diurne. Mais la plupart de ceux qui prétendent dormir seulement 2 ou 3 heures par nuit ou, à l'inverse, 12 heures par nuit, ont tort. Les petits dormeurs font souvent la sieste et dorment la nuit plus qu'ils ne veulent le dire. Les grands dormeurs, eux, confondent le temps passé au lit et le temps de sommeil effectif. En général, les vrais petits dormeurs sont des individus énergiques et ambitieux sans être psychopathes pour autant. Les vrais grands dormeurs, en revanche, sont souvent dépressifs et névrosés.

Faire la sieste

La sieste est un phénomène universel, couramment pratiquée par les enfants, les personnes âgées et les gens qui travaillent la nuit. Dans certaines cultures, tout le monde fait la sieste à un moment déterminé de la journée. Une étude, portant sur une communauté mexicaine, révèle que 80 % des adultes font la sieste au moins 4 fois par semaine. En général, ces siestes s'additionnent aux 7 ou 8 heures de sommeil nocturne. La traditionnelle « siesta » au Mexique et dans la plupart des autres sociétés a lieu typiquement entre 14 h 30 et 17 h, à peu près à mi-chemin entre le lever et le coucher. Les siestes matinales ou vespérales sont beaucoup plus rares, ce qui suggère que la somnolence de l'après-midi reflète un rythme biologique. Les tranches 14 h-17 h et 23 h-7 h constituent des périodes de sommeil idéales, alors que 8 h-midi et 18 h-20 h sont rarement des moments où l'on dort.

Il existe classiquement trois types de sieste : la sieste de récupération ou d'anticipation destinée à compléter une perte de sommeil nocturne, la sieste que l'on fait pour des motifs psychologiques et la sieste culturelle, prévue par la tradition.

La sieste de récupération dure environ 75 minutes, la sieste « psychologique » 60 minutes et la sieste culturelle tourne autour de 90 minutes.

Beaucoup de gens célèbres ont affirmé qu'une courte sieste de 10 min était revigorante et améliorait les capacités intellectuelles et physiques. Qu'en est-il réellement ? La sieste est un phénomène très peu étudié et personne n'a examiné la réalité des dires de gens comme Thomas Edison. Certaines conclusions ont cependant pu être tirées après des expériences, où des sujets sont réveillés pendant leur sieste pour une série d'exercices psychomoteurs. Parmi ces conclusions, on note : 1) Un réveil soudain pendant une sieste s'accompagne d'une baisse des performances ; ce phénomène appelé inertie du sommeil, disparaît en général en une demi-heure.

2) La sieste n'augmente pas franchement les performances d'un sujet. Une demi-heure après la sieste, les performances restent les mêmes qu'avant ou augmentent légèrement.

Par d'autres expériences, on a essayé de déterminer la durée et l'heure idéales pour une sieste. Des études préliminaires montrent une petite différence entre 1 et 2 heures de sieste. L'intérêt de la sieste dépend de sa situation au cours du cycle circadien : une sieste à 20 h peut aider le travailleur en brigade qui passe de la tranche de travail nocturne à la tranche diurne, mais risque de défavoriser le sommeil nocturne pour quelqu'un qui travaille le jour.

Personnellement, indépendemment des découvertes récentes, la sieste en fin d'après-midi constitue un des mes moments de sommeil les plus agréables. Je me sens souvent lourd et paresseux vers 14 h 30. Les rares fois où je fais 2 heures de sieste l'après-midi, je me réveille un peu groggy, mais vers 19 h je me sens en pleine forme et je peux travailler jusqu'à 22 h sans problème. Si je ne peux pas faire la sieste, je prends un café et je commence à me sentir mieux vers 16 h. Mais le soir, après le dîner, j'ai plus envie de regarder la télévision que de faire quoi que ce soit d'autre. L'idée de la « siesta » est certainement excellente, mais elle tend malheureusement à disparaître — en Italie ou au Mexique notamment — car il n'est plus possible dans nos sociétés modernes de faire deux fois par jour l'aller-retour entre chez soi et le travail.

Enregistrer le sommeil

Notre cerveau est parcouru en permanence par des courants électriques qui constituent l'activité électrique cérébrale. Ces courants sont si faibles qu'on ne les ressent pas physiquement mais en fixant des électrodes fixés sur le crâne, reliées à un polygraphe, c'est-à-dire un amplificateur et un traceur de courbe, on obtient un enregistrement de ces décharges cérébrales. De plus, l'enregistrement des mouvements occulaires et de l'activité musculaire permet au chercheur de suivre avec précision les différentes phases du sommeil.

Sommeil lent : un cerveau paresseux dans un corps actif

Pendant l'éveil, en période d'activité, la fréquence des ondes cérébrales est rapide, les yeux bougent souvent et en tous sens, et de nombreux groupes musculaires sont en tension. Pendant un état de relaxation éveillée — par exemple en position allongée —

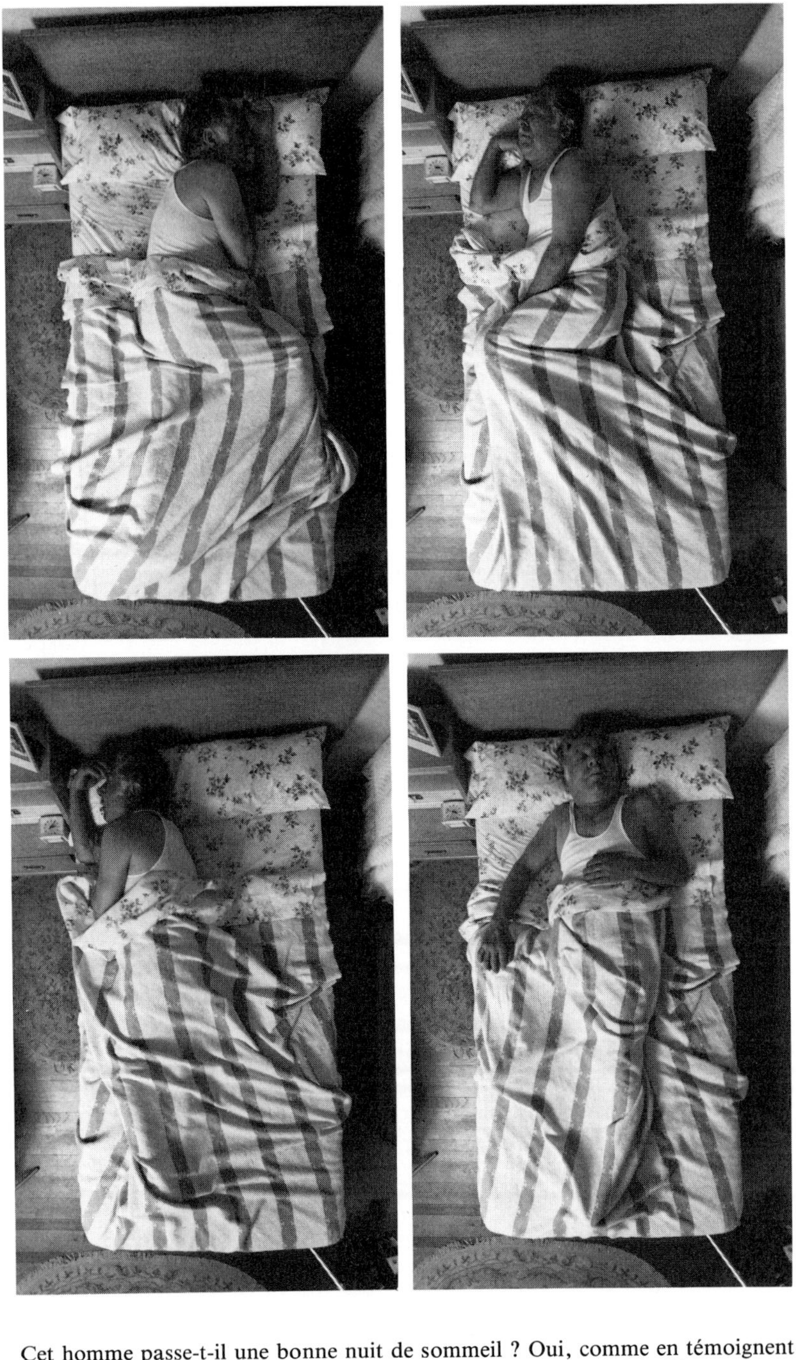

Cet homme passe-t-il une bonne nuit de sommeil ? Oui, comme en témoignent ses mouvements, typiques du dormeur paisible (de 2 h 57 à 3 h 48).

l'E.E.G. ralentit, les yeux bougent moins et la tension musculaire disparaît sauf pour les muscles de la face.

Quand on s'endort, le corps n'est pas forcé à l'inaction, il n'est pas complètement déconnecté. Il est seulement plongé dans un état de paresse. Les rythmes cardiaque et respiratoire diminuent un peu, tout en restant réguliers. Même l'esprit n'est pas complètement éteint pendant cet état qu'on appelle le sommeil lent (S.L.). Si l'on réveille quelqu'un au tout début de son sommeil, il raconte se souvenir d'une activité mentale dans 25 % des cas. Le S.L. est composé de 4 phases successives, définies arbitrairement par la présence ou l'absence d'ondes cérébrales caractéristiques.

Certains chercheurs prétendent qu'il existe beaucoup plus de phases du sommeil que l'on en décrit alors que d'autres pensent que la distinction des phases du sommeil est arbitraire et donc sans grand intérêt.

La première phase du S.L., appelée stade 1, correspond à la transition entre l'éveil et le sommeil. Pour définir cette transition, les paupières de volontaires ensommeillés sont maintenues ouvertes avec du sparadrap. Tout en enregistrant les ondes cérébrales de ces sujets, on leur demande d'appuyer sur un bouton chaque fois qu'ils voient une image apparaître sur un écran placé devant eux. A un moment donné, les sujets arrêtent de réagir aux images en dépit de leurs yeux grands ouverts : le sommeil débute. Le tracé de l'activité cérébrale est alors caractéristique à ce stade : la fréquence des ondes cérébrales ralentit et des pics d'ondes particulières apparaissent. De plus, les yeux sont animés de mouvement latéraux lents. La tension musculaire disparaît sauf pour la face et le cou.

Le stade 1 dure environ 10 minutes. C'est un état de sommeil léger — beaucoup de gens réveillés pendant ce stade disent ne pas s'être endormi — accompagné d'une activité mentale caractéristique, partant de pensées cohérentes pour se distordre à mesure que l'on s'endort : « Je pensais à mon examen du lendemain », (témoignage recueilli avant le début du stade 1), « et soudain je me sentais flotter le long d'une feuille de papier. Peut-être s'agissait-il du sujet de l'examen » (témoignage recueilli après le réveil du sujet en stade 1). L'activité mentale du stade 1 peut être faite d'images et ressembler au rêve, mais apparaît plus souvent comme une distorsion de pensées cohérentes au départ. Des sensations de chute, de flottement, d'anxiété ou de quiétude sont typiques du stade 1.

La durée du stade 1 est un bon indicateur d'une mauvaise qualité de sommeil. Chez un bon dormeur, le stade 1 ne dure jamais très longtemps. En revanche, un mauvais dormeur va osciller entre le stade 1 et un état d'éveil ponctué de pensées répétitives. Néanmoins, la majorité des gens tombent rapidement dans le stade 2 qui reste un état de sommeil léger, marqué par des ondes cérébrales typiques. Les mouvements oculaires lents du stade 1 disparaissent. A ce stade, le dormeur réagit à certains sons par une activité cérébrale particulière : le cerveau émet une réponse tout en dormant ; les mouvements oculaires sont nuls. Bien que 50 % du temps de sommeil puisse se dérouler en stade 2, il s'agit probablement du stade de sommeil le moins étudié.

Après 20 minutes en stade 2, le dormeur entre dans un état de sommeil profond appelé stade 3-4 car il est difficile de séparer les deux. Dans cet état, toutes les cellules corticales émettent un signal synchrone ce qui se traduit à l'E.E.G. par d'amples ondes lentes. Le stade 3-4 s'observe principalement au début du sommeil. Pour cette raison, si on vous téléphone dans les 45 premières minutes de sommeil, vous pouvez être extrêmement confus. Parfois, il faut 15 bonnes secondes pour se réveiller d'un stade 3-4. Ceci est même encore plus prononcé chez les enfants.

Si vous essayez de réveiller un enfant pendant le stade 3-4, il restera étourdi et ne se souviendra de rien le lendemain. En fait, il restera dans un état intermédiaire entre le sommeil et l'éveil. C'est pendant le stade 3-4 qu'à lieu le somnambulisme, l'énurésie (mictions nocturnes), les terreurs nocturnes et le fait de parler en dormant. Réveiller un enfant normal de 10-12 ans pendant le stade 3-4 peut provoquer chez lui un épisode de somnambulisme. On pense que le sommeil en stade 3-4 joue un rôle de récupération pour l'organisme. Après une période de privation de sommeil, c'est le premier stade à apparaître. Il représente 25 % du temps de sommeil chez l'enfant, un peu moins chez le jeune adulte, puis diminue avec l'âge pour souvent disparaître chez le sujet âgé. Cette diminution est peut-être le résultat d'un processus de vieillissement naturel au cours duquel certaines cellules cérébrales arrêtent de fonctionner.

Le sommeil paradoxal : un cerveau actif dans un corps paralysé

Les stades 1 à 4 sont les 4 stades constitutifs du S.L. Après 90 minutes de S.L. commence la première période de sommeil paradoxal (S.P.). Au polygraphe, on observe une perte de l'activité musculaire faciale et à l'E.E.G. apparaît un tracé proche du tracé d'éveil accompagné de mouvements oculaires rapides. Les tracés des polygraphes sont si semblables aux tracés d'éveil qu'il est difficile de les différencier, d'où le terme de sommeil paradoxal.

En 1953, le groupe de chercheurs de Chicago (Aserinsky, Kleitman et Dement) a décrit le S.P. Avant cette découverte, on considérait le sommeil comme un état d'inaction de l'organisme, sans grand intérêt. De plus, pour en faire l'étude, l'expérimentateur doit rester debout toute la nuit et il est difficile de faire des expériences sur un dormeur sans le réveiller. Même si la découverte du S.P. n'a pas révélé tous les mystères du sommeil et des rêves, elle a permis de mieux comprendre toute une série de troubles du sommeil et d'y apporter des traitements qui permettent de soulager des milliers de malades.

Le S.P. est un état bien distinct du sommeil ou de la perte de conscience. Les rythmes cardiaque et respiratoire sont irréguliers, et parfois plus que pendant l'éveil. Les yeux sont animés de mouvements rapides.

Des petites contractions musculaires sont fréquentes mais les réflexes spinaux sont absents. Le corps est paralysé, incapable d'accomplir les mouvements correspondant au rêve. 80 % du temps de S.P. est occupé par les rêves. La découverte du S.P. et de son association avec les rêves constitue un progrès majeur dans le domaine de la recherche sur le sommeil. Comment le sommeil peut-il être un moment de récupération pour l'organisme s'il est le siège d'une activité cérébrale intense ? Cela apportait la preuve que dormir n'est pas uniquement un état de déconnection et que cet état vaut la peine d'être étudié. Tout le domaine de la pathologie du sommeil découle de cette découverte. Pour la première fois, des quantités de paramètres physiologiques, mesurés seulement pendant l'éveil, allaient aussi être étudiés pendant le sommeil, ce qui allait étendre le champ d'exploration des troubles du sommeil. Pendant le S.P., la consommation d'oxygène augmente et le débit sanguin cérébral est plus important que pendant l'éveil ; la tension artérielle, les rythmes cardiaque et respiratoire et le débit cardiaque augmentent et varient plus que durant l'éveil.

A mesure que la nuit avance, les périodes de S.P. s'allongent. Cela explique qu'en se réveillant le matin, on se rappelle souvent d'un rêve. Il y a normalement 4 à 6 périodes de S.P. par nuit, chacune durant entre 10 et 45 minutes, ce qui représente 20 à 25 % du temps de sommeil total (voir figure 5-1).

En 1969, Stanford était le seul service de médecine du sommeil des États-Unis. En 1975, il y en avait cinq, et aujourd'hui, plusieurs centaines de services fonctionnent à travers le pays, où l'on étudie le sommeil des patients. Avec les progrès de la technologie, l'examen du sommeil est de plus en plus complexe. Dans les années 1950, les spécialistes du sommeil considéraient que la physiologie d'un sujet pendant son sommeil faisait exclusivement partie de leur domaine. A cette époque, on se bornait à fixer des

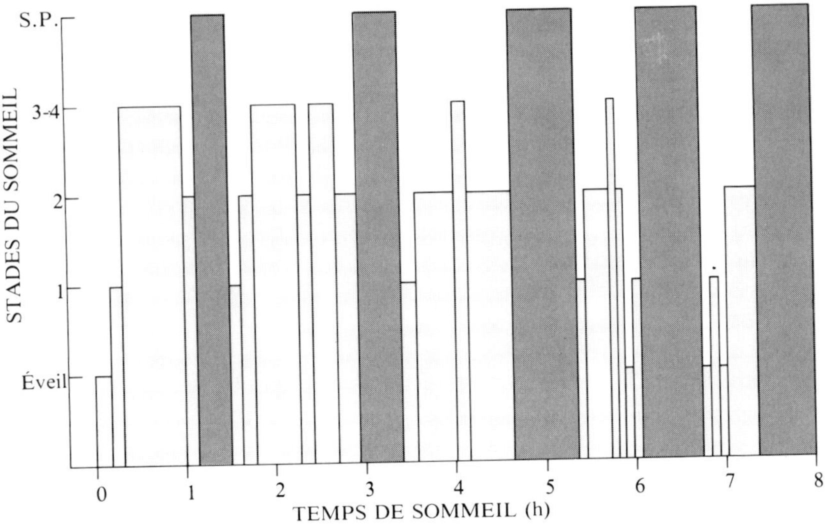

Figure 5.1 - Cycles des différents stades du sommeil chez un jeune adulte normal. Le sommeil en stade 3-4 prédomine la première moitié de la nuit, le S.P. la seconde. Un nouveau cycle de S.P. commence environ toutes les 90 minutes.

électrodes sur le crâne et la face pour enregistrer les ondes cérébrales, les mouvements oculaires et l'activité musculaire. De nos jours, avec les interactions entre l'étude des troubles du sommeil et d'autres domaines de la médecine, l'examen du sommeil est beaucoup plus approfondi qu'avant : pose de sondes œsophagiennes à balonnet, mesures de la saturation du sang en oxygène, fluoroscopie, cathétérisme cardiaque — pratiquement tous les examens réalisés le jour — peuvent être pratiqués la nuit pendant le sommeil pour parfaire la connaissance que l'on a de la physiologie humaine.

Pour la majorité de nos patients, les examens conduits pendant le sommeil sont une gêne bénigne. Même les plus anxieux s'endorment pendant que l'on achève de fixer leurs électrodes. (Une poignée seulement n'arrivent pas à dormir la nuit des examens.) Un polygraphe reproduit seconde par seconde le tracé de l'E.E.G., des mouvements oculaires, de l'activité musculaire, respiratoire et cardiaque. Une nuit d'enregistrement représente plusieurs centaines de mètres de papier, mais heureusement, deux heures suffisent pour un examen complet.

Sommeil paradoxal : une nuit au cinéma ?

On avait déjà émis l'hypothèse d'une relation entre rêves et mouvements oculaires rapides avant la découverte d'Aserinsky du laboratoire de recherche sur le sommeil de l'Université de Chicago. A Yale en 1892, G.T. Ladd a suggéré que les yeux sont actifs pendant les rêves ; et Edmund Jacobson, père de la relaxation musculaire progressive, pensait qu'il était possible de suivre les mouvements oculaires par des méthodes électrophysiologiques pendant les rêves.

Depuis les travaux d'Aserinsky, de nombreux chercheurs ont essayé de comprendre le rôle de ces mouvements oculaires rapides. S'agit-il de mouvements de poursuite par lesquels le rêveur suit les images de son rêve — comme au cinéma — ou bien s'agit-il simplement de l'activation d'un système physiologique parmi les nombreux systèmes activés pendant le S.P. ? On trouve parfois une correspondance entre les mouvements oculaires et le récit d'un rêve — par exemple, un balayage de droite à gauche et de gauche à droite pendant un rêve de match de tennis. Mais il existe de solides arguments pour dire que rêver n'est pas « une nuit au cinéma ». Des chats privés de cortex cérébral, le siège de la pensée et de la visualisation des images, conservent des mouvements oculaires rapides pendant le S.P. Il est probable que chez l'homme aussi ces mouvements ne reflètent pas la poursuite des images des rêves mais correspondent à une caractéristique particulière de cet état d'intense activité physiologique.

Age et sommeil

Le « sourire de l'ange », sourire naturel du nourrisson apparaît pour la première fois pendant le S.P., bien avant qu'il ne sourit pendant l'éveil. Le S.P. représente 50 % de son sommeil soit 8 heures par jour. Chez les prématurés, ce chiffre atteint 75 %, mais il est difficile de savoir s'ils rêvent réellement. Étant donné l'importance du temps de S.P. chez le nourrisson, certains chercheurs lui attribuent un rôle dans le développement néonatal du système nerveux central. Le pourcentage de S.P. diminue progressivement jusqu'à 20 ou 25 % du temps de sommeil dans la petite enfance et reste stable tout au long de l'existence.

Le sommeil chez les animaux

On ne connaît que très peu de chose sur le sommeil des non-mammifères. Les poissons montrent des périodes d'inactivité lorsqu'ils trouvent un endroit pour se cacher à l'abri des prédateurs. Beaucoup s'enfouissent dans le sable, ne laissant dépasser que leurs yeux et leur bouche. Il est difficile de savoir si les espèces qui nagent en permanence — comme certains requins — dor-

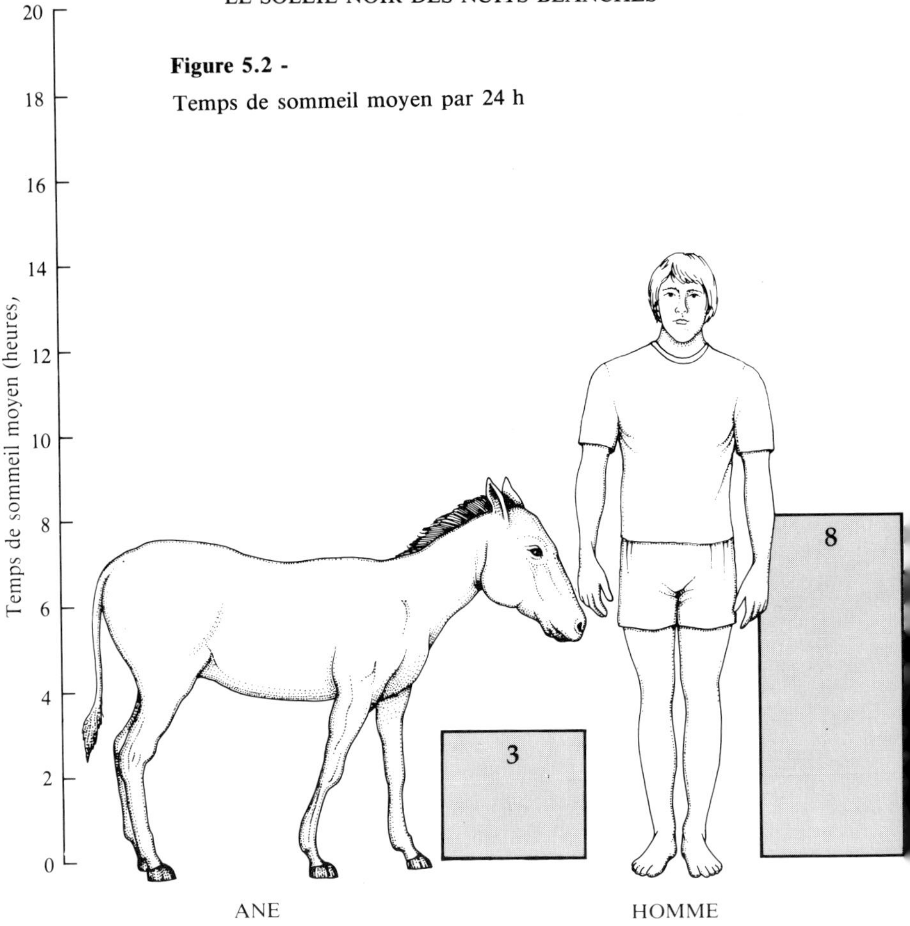

Figure 5.2 -
Temps de sommeil moyen par 24 h

ment en nageant (je suppose que c'est le cas puisque les hommes peuvent dormir en conduisant). Il est clairement établi pour d'autres espèces de requin que le sommeil existe. Cela a été notamment confirmé par un plongeur capable d'attraper un requin par la queue et de s'enfuir avant qu'il ne se réveille. Une étude d'enregistrement électrophysiologique des mouvements oculaires, du tonus musculaire, des mouvements respiratoires et du rythme cardiaque a été faite chez le poisson. Aucun signe de S.P. n'a été mis en évidence. En revanche, une équipe de recherche a pu observer des mouvements oculaires rapides pendant les périodes d'inactivité chez le poisson corail des Bermudes. Il semble donc que de brèves périodes de S.P. existent chez certains poissons.

Il est difficile de comparer les cycles d'activité et d'inactivité des non-mammifères avec les cycles veille-sommeil des mammifères.

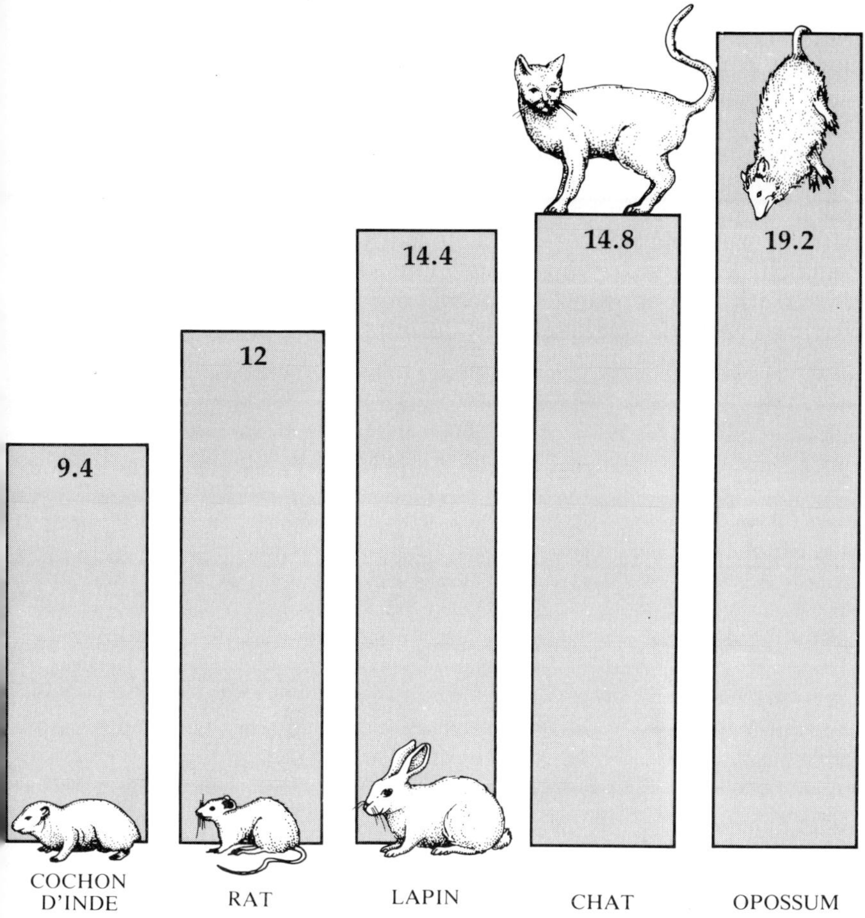

En effet, les ondes cérébrales d'un poisson inactif, par exemple, ne ressemblent pas à celles qui permettent de définir le sommeil chez les mammifères. Ceci est valable également pour les amphibiens et les reptiles. Pendant mes travaux de recherche sur l'homme à l'Université de Chicago, un laboratoire voisin étudiait le sommeil des crocodiles. J'ai pu ainsi apprendre que ces animaux ont un sommeil caractérisé par une activité cérébrale particulière, mais ne présentent pas de signes de S.P. Toutefois, les amphibiens et les reptiles présentent tout de même des périodes de sommeil très actives que certains considèrent comme un S.P. primitif. En revanche, on observe chez les oiseaux endormis de brefs épisodes de S.P.

Le S.P. tel qu'il est défini chez l'homme est présent chez tous les mammifères : ondes cérébrales particulières, perte du tonus musculaire et mouvements oculaires rapides. Mais aucune relation n'a pu être trouvée entre le temps de sommeil et de S.P. quotidiens et les espèces. La figure 5-2 montre le temps moyen de sommeil chez différents mammifères.

Peut-être ne sauront nous jamais pourquoi nous dormons, mais nous savons que nous dormirons toujours. Nous savons aussi que nous passerons une grande partie de notre vie dans cet état particulier appelé S.P. — et que nous rêvons souvent pendant le sommeil. Pourquoi rêvons-nous ? Que se passe-t-il pendant ces mystérieuses heures peuplées de songes que nous ne contrôlons pas ? Voyons ensemble quelques-unes des réponses à ces questions.

CHAPITRE 6

LES RÊVES

« Parfois, rêver d'une banane c'est simplement rêver d'une banane. »

Entendu au cours d'une conférence sur le sommeil.

Les rêves peuvent-ils prédire l'avenir ? En 1972, pendant ma psychanalyse, j'ai appris à mieux me rappeler de mes rêves pour pouvoir disposer d'un bon matériel pour explorer mon inconscient. A cette époque, j'habitais Chicago et j'étais un fan de la fameuse équipe de hockey sur glace des Chicago Black Hawks. Une nuit, j'ai rêvé de la finale décisive de la coupe Stanley de hockey sur glace entre Montréal et Chicago qui devait avoir lieu la semaine suivante. Dans ce rêve, Montréal gagnait 3 à 2 et Henri Richard, une star de l'équipe, bientôt à la retraite, marquait le but final d'un revers magistral. Au cours de séances avec mon analyste, nous avons discuté des différentes associations possibles et sens cachés de ce rêve, notamment de compétition, d'agression, d'identité, etc. Je me souviens de ce rêve parce que le jour suivant Montréal battait Chicago 3 à 2 et gagnait la coupe Stanley. Henri Richard avait marqué deux buts dont celui de la victoire.

Ma formation de chercheur et de scientifique m'a poussé à rationaliser cette expérience : 3 à 2 est un score courant. Richard n'était certes pas le buteur de l'année mais un bon joueur. Mon rêve n'était peut-être qu'une suite d'événements probables. Les rêves prémonitoires ne sont pas chose courante mais il est relativement fréquent d'en faire au moins un dans sa vie.

Quelques années plus tard, un article paru dans une revue scientifique fournissait une explication de ce type de rêve basée sur la théorie des probabilités. Il y avait environ 20 000 spectateurs au stade de Chicago et au moins 80 000 de plus devant leur téléviseur. Ces 100 000 fans étaient particulièrement intéressés par le résultat du match et chacun avait eu cinq périodes de sommeil paradoxal la nuit précédente. Supposons que sur ces 500 000 périodes de sommeil paradoxal, 1 % seulement des rêves (5 000) avaient trait au résultat du match. Il y a trente-six combinaisons de score possible dans la finale de la coupe Stanley (chaque équipe marquant entre zéro et six buts), donc la probabilité de prévoir le bon score est de cent trente-neuf rêveurs (5 000 divisé par 36). Puisqu'il y a 36 joueurs dans les deux équipes, la probabilité pour qu'un des 139 rêveurs sélectionne celui qui marque le but final est à peu près la même. Mais trouver à la fois le score final et l'ultime buteur est beaucoup moins probable (139 sur 100 000 chances soit 0,1 %). C'est comme gagner au loto : cette chance est inférieure à un sur un million mais il y a toujours un gagnant. Mon raisonnement est quelque peu bousculé par la récente histoire d'une femme qui a gagné deux fois de suite un million de dollars dans une loterie à New York.

La théorie des probabilités peut également expliquer les rêves télépathiques. La plupart des laboratoires qui se sont penchés sur le problème n'ont rien trouvé de concluant. Mais quelques chercheurs restent persuadés que les rêves télépathiques existent sur la base de résultats intéressants mais très maigres. Dans ces expériences, un observateur essaie d'influencer ou de deviner le contenu des rêves d'un dormeur volontaire. Les quelques résultats positifs enregistrés correspondent sûrement à la probabilité d'avoir un résultat positif sur des centaines d'expériences.

L'interprétation des rêves

Les hommes ont toujours essayé de comprendre la fonction et le sens des rêves. On a même trouvé des livres assyriens en écriture cunéiforme, vieux de 8 000 ans, détaillant le contenu et la signification des rêves. Les rêves expliqués dans ces manuscrits parlent de la famille, de sexualité, des dents, d'animaux, de cheveux qui tombent, d'être tout nu dans la foule — ce qui ressemble beaucoup aux rêves du XXe siècle. Les grandes valeurs et angoisses de l'existence n'ont sans doute pas beaucoup changé depuis. Les Assyriens pensaient que les rêves étaient dictés par les mauvais esprits des morts. Les Égyptiens, eux, voyaient les rêves comme un message des dieux ; ils prévenaient des dangers à venir, apportaient des réponses à de grandes interrogations et exigeaient des hommes pénitence et repentir. Le métier qui consistait à interpréter les rêves, ancêtre de la psychanalyse, était très respecté ; on érigeait même des temples où se déroulaient les séances d'interprétation, sous la protection de Serapis, dieu des rêves. Au XIXe siècle, des fouilles ont permis de découvrir au dessus d'une porte l'inscription suivante : « Les dieux m'ont chargé d'interpréter les rêves. Vous qui passez cette porte, bonne chance ». Aujourd'hui, les choses n'ont pas beaucoup changé. L'interprétation des rêves est plus un art qu'une science. L'idée selon laquelle les rêves sont des messages des dieux s'est transmise de la civilisation égyptienne aux civilisations gréco-romaines. (Aristote, qui fondait ses théories plus sur l'observation que sur la tradition, ayant découvert que les animaux rêvaient, rejetait le caractère surnaturel des rêves). Au Moyen Age, on pensait que les rêves étaient inspirés par le diable. Martin Luther, grand instigateur de la réforme protestante, pensait que les « rêves sales » étaient l'image du péché devant permettre à chacun d'améliorer sa conduite. Luther trouvait parfois ces rêves si perturbants qu'il implorait Dieu de communiquer avec lui d'une autre façon. Sigmund Freud est l'un des premiers à faire de l'étude des rêves un domaine de la recherche médicale à part entière. Au départ, Freud a étudié les rêves de patients névrosés ou à la limite de la psychose. Son travail — « L'interprétation des rêves » — publié pour la première fois en 1905 eut très peu de succès. Mais il est rapidement devenu la base de la théorie dominante du XXe siècle sur les rêves. Avec d'autres médecins, Freud considérait les rêves comme des gardiens du sommeil, empêchant le dormeur d'être réveillé par des stimuli externes ; par exemple, au lieu d'interrompre le sommeil un bruit peut être incorporé au rêve. Mais surtout, les rêves étaient pour lui la voie royale vers l'inconscient et un moyen efficace de déguiser plus ou moins les pulsions et les désirs sexuels et agressifs, insupportables dans la réalité consciente. Toujours selon Freud, les cauchemars apparaissent lorsque les pulsions du rêveur percent ce déguisement. Mais le sens des rêves ne peut être compris que par l'analyse des symboles oniriques et de leurs associations. Cette analyse doit permettre au rêveur d'améliorer son état par la compréhension du sens de ses pulsions interdites.

La symbolique des rêves

Comment déchiffrer un rêve ? Cela dépend en partie du thérapeute. On a pu dire que les rêves des patients freudiens sont peuplés de thèmes sexuels alors que ceux des patients jungiens sont pleins de mysticisme — et peut-être qu'on recommandera à un patient qui suit une thérapie comportementale de ne se souvenir d'aucun de ses rêves ! Prenons par exemple deux rêves contenant le même symbole — un chapeau — et voyons ce que Jung et Freud en déduiraient.

Le rêve du patient de Jung

Le rêveur est à une réunion mondaine. En partant, il prend un chapeau qui n'est pas le sien.

L'interprétation de Jung

« Le chapeau, le couvre-chef, est un objet qui couvre (la tête). Quand on mémorise quelque chose, on rentre des idées ''sous sa tête'' (*unter einen Hut*), donc le chapeau, à la manière d'une idée force, recouvre toute la personnalité et lui imprime sa propre signification. La tiare pontificale confère au pape une dignité toute spirituelle, le haut-de-forme donne au gentleman son statut de respectabilité et un étrange chapeau ne peut recouvrir qu'un étrange personnalité. Meyrink utilise ce thème dans sa nouvelle ''Le Golem''. Dans cette histoire, le héros, en revêtant le chapeau d'Athanasius Pernath, se trouve impliqué dans une aventure extraordinaire. A l'évidence, l'inconscient le guide à travers ce périple. En établissant un parallèle avec ''Le Golem'', le chapeau du rêve, c'est le chapeau d'un Athanasius, d'un immortel, d'un homme universel et éternel, au-delà du temps, aussi éloigné que possible du simple mortel, éphémère et ''accidentel''. Encerclant la tête, le chapeau réalise un cercle comme le disque solaire d'une couronne. Il s'agit d'une allusion au mandala (cercle magique rituel)... L'échange de chapeau dans le rêve devrait donner un résultat similaire à celui du ''Golem'' : une émergence de l'inconscient. L'inconscient et ses spectres se tiennent déjà comme une ombre derrière le rêveur et tente de pénétrer sa conscience. »[16]

Le rêve d'une patiente de Freud

« Je marche dans la rue en été ; je porte un étrange chapeau de paille dont la pièce centrale se dresse vers le haut alors que les côtés pendent vers le bas (ici la description est hésitante), d'une manière telle que l'un des côtés pend plus bas que l'autre. Je me sens bien et pleine de confiance en moi et alors que je croise un groupe de jeunes officiers, je me dis : vous ne pouvez absolument rien contre moi. »

L'interprétation de Freud

« Comme elle n'arrivait à faire aucune association à partir de ce chapeau, je lui dis : ''En réalité, ce chapeau est un organe génital mâle, avec sa partie centrale érigée et ses deux parties pendantes''. Il semble peut-être particulier de supposer que son chapeau est un homme, mais après tout, on dit bien : ''Unter die Haube

Kommen'' (se mettre sous le chapeau) quand on veut dire ''se marier''. J'ai volontairement évité d'interpréter l'inégale longueur des deux pièces pendantes mais il est clair que ce type de détail conduit plus facilement à l'interprétation. Je lui ai dit que si son mari avait de si belles parties génitales, elle n'avait rien à craindre des officiers ; donc rien à espérer d'eux car ce sont essentiellement ses désirs fantasmés qui l'empêchent d'aller se promener seule et même accompagnée. Je suis déjà arrivé à expliquer ainsi son anxiété à partir d'autres rêves.

Le comportement de la rêveuse après cette interprétation est particulièrement intéressant. Elle a nié sa première description du chapeau et a refusé d'admettre avoir dit que les deux côtés du chapeau pendaient. Fort de ce que j'avais entendu précédemment, j'ai insisté sur sa description. Après un moment de silence, elle a trouvé le courage de me demander pourquoi l'un des testicules de son mari était plus bas que l'autre et s'il en était de même chez tous les hommes. Grâce à ce détail particulier du chapeau, le rêve s'expliquait et la patiente en acceptait toute l'interprétation. Le symbole du chapeau m'était déjà familier. A partir d'autres cas moins évidents, je pense qu'il peut également symboliser les organes génitaux de la femme. »[17]

La plupart des psychothérapies qui admettent l'existence de l'inconscient se servent de l'interprétation des rêves mais les thérapeuthes n'ont pas de code de déchiffrage. Ils demandent à leurs patients de parler de leurs rêves et de faire des associations d'idées. Pour un rêveur donné, un chapeau peut évoquer un objet sexuel, pour un autre cela peut représenter un moyen de défense ou un moyen de cacher ses pensées. Ainsi, chaque rêveur doit développer sa propre interprétation symbolique. Selon Jung et Freud, il existe tout de même un certain nombre de symboles universels qui ont le même sens pour tout le monde. Pour Freud, des rêves de perte de dents révèlent une culpabilité sexuelle ; les rêves de natation correspondent au plaisir réprimé de l'enfance associé à l'énurésie. Pour Jung, les symboles phalliques dans les rêves représentent la fertilité, la puissance ou le réconfort plutôt que des thèmes sexuels. Des animaux comme un cheval symbolisent le aspects non bestiaux de notre personnalité, tels que les instincts ou les sensations cachées de puissance.

« Très bien, comme tu veux - tu as entendu un phoque. »

Rêves et sommeil paradoxal

Le rêve et le sommeil paradoxal (S.P.) sont contrôlés par la partie la plus archaïque et la plus primitive du cerveau, le tronc cérébral, qui contrôle notamment certaines fonctions vitales de base telles que la respiration et la température corporelle. Cette région du cerveau est aisément reconnaissable chez les mammifères qui connaissent tous le S.P.. Un certain nombre d'éléments montrent que les animaux comme les hommes ont des images visuelles, c'est-à-dire des rêves, pendant leur S.P.. En 1964, le Dr C.J. Vaughan a entraîné des singes rhésus, en état de veille, à appuyer sur un levier chaque fois qu'une image apparaît sur un écran ; ces animaux continuent d'appuyer sur ce levier pendant les épisodes de S.P., mais pas pendant le sommeil lent.

Après avoir découvert, dans les années 1950, que le S.P. (pendant lequel on observe des mouvements oculaires rapides) correspond aux périodes des rêves, les chercheurs ont pensé que le mystère des rêves pourrait enfin être percé. Des études se sont multipliées pour tester les théories freudiennes. Il s'agissait, par exemple, d'asperger des individus avec de l'eau, de les soumettre à des bruits ou à des variations de température pendant leur sommeil pour voir si ces stimuli seraient incorporés à leurs rêves. De temps en temps, lorsque le rêveur se réveillait, les stimuli étaient effectivement incorporés : « J'étais sous une chute d'eau », ou encore « J'ai rêvé d'une explosion. » Mais dans la plupart des cas, il n'existait aucune similitude entre les rêves et les stimuli. Et même si les rêveurs sont réveillés pendant les périodes de S.P. les plus intenses, les rêves dont ils se souviennent n'ont rien à voir avec des thèmes sexuels ou d'agression. En fait, les rêves décrits sont souvent liés à l'expérience en cours. Plus les chercheurs tentent de valider les théories freudiennes sur le rêve, plus il apparaît que ces théories reposent sur l'existence de l'inconscient et sur la capacité de l'analyste à aider son patient à décoder les symboles contenus dans ces rêves. Or, il est très difficile de mesurer l'inconscient. L'approche expérimentale n'a pas vraiment encore réussi à vérifier l'approche freudienne.

D'autres théories psychiatriques ont été étudiées par une approche expérimentale. Au départ, on pensait que des individus privés de S.P. allaient devenir psychotiques parce que leurs pulsions inconscientes ne pourraient plus être évacuées proprement. En fait, ce n'est pas le cas. Des sujets privés de S.P. pendant une nuit augmentent la quantité de S.P. la nuit suivante et les effets psychologiques ou physiologiques sont limités. D'autres ont été privés de S.P. pendant 16 nuits consécutives sans que cela porte à conséquences. Au-delà, il est difficile de poursuivre la privation de S.P. car le sujet entre en S.P. dès qu'il s'endort.

Le neurologue Hughling Jackson pensait que la folie était un rêve éveillé. Cela est faux. Les hallucinations des schizophrènes, quand ils sont éveillés, n'ont rien à voir avec les rêves des gens normaux. En réalité, les schizophrènes ont un S.P. à peu près normal, même si leurs rêves sont pleins d'anxiété.

Le S.P. et les rêves sont peut-être un moyen d'adaptation et d'évacuation des charges émotionnelles. Si un individu est soumis à des stimuli anxiogènes avant le sommeil, un film violent par exemple, il sera moins anxieux et moins tendu le lendemain s'il rêve pendant la nuit. Des études récentes montrent que la quantité de S.P. augmente chez les femmes divorcées depuis peu. Il semble donc que les rêves servent effectivement à mieux supporter les problèmes émotionnels. Une autre théorie adaptative (l'hypothèse de la sentinelle) suggère que le rêve est un système de sécurité périodique qui permet au dormeur d'être attentif aux signes de danger environnants. En absence de danger, le sommeil continue et les bruits extérieurs sont incorporés au rêve. En cas de danger, le dormeur se réveille.

Au cours des 30 dernières années, depuis la découverte du S.P., les chercheurs ont amassé une série de conclusions sur cet état particulier du sommeil :

1. Le S.P. se retrouve chez tous les mammifères et d'une certaine manière chez les oiseaux.
2. Le S.P. est contrôlé par le tronc cérébral qui est le cerveau primitif.
3. Le temps de S.P. est supérieur chez les enfants où il occupe jusqu'à 50 % du temps de sommeil et tombe à 20 % à l'âge adulte.
4. Après une privation de S.P., on observe un regain de S.P. sans conséquences psychologiques significatives.
5. L'intrusion du S.P. dans l'état d'éveil (narcolepsie) est un trouble fonctionnel.
6. Environ 90 % des gens réveillés pendant une phase de S.P. racontent qu'ils étaient en train de rêver.
7. Les rêves dont on se souvient ont souvent une signification psychologique, mais des études répétées en laboratoire semblent indiquer que le contenu des rêves est souvent anecdotique.
8. La durée du S.P. est précise et une phase de S.P. débute et se termine grâce au fonctionnement de groupes de neurones bien particuliers.
9. Il n'existe pas de corrélation évidente entre la quantité de S.P. et l'espèce animale ou la taille du cerveau.

Le générateur de rêve

L'ensemble des informations précédentes ont donné lieu à de nouveaux développements théoriques sur les rêves pour essayer de répondre aux grandes questions : que sont les rêves ? Quelles sont leurs fonctions ? Selon la théorie de « l'activation-synthèse », le rêve est un effet secondaire d'un processus biologique essentiel. Des chercheurs ont montré que, pendant le S.P., un groupe de cellules nerveuses — les neurones du champ tégumentaire giganto-cellulaire (C.T.G.) — situées dans le tronc cérébral, se mettent à fonctionner ; ils sont une sorte de starter. L'excitation de ces cellules est normalement inhibée par un autre groupe de neurones du tronc cérébral — les cellules du locus coeruleus (L.C.) — servant de manette d'arrêt. Ces cellules s'activent pendant le sommeil lent. Le processus biochimique mis en œuvre n'est pas encore bien compris.

Lorsque le S.P. débute, l'activité des neurones du L.C. diminue et celle des cellules du C.T.G. augmente pour atteindre un maximum pendant les mouvements oculaires rapides. Les cellules du C.T.G. sont connectées aux centres visuels et sensoriels du cerveau et au centre cérébral des émotions. Donc, le tronc cérébral, ou cerveau archaïque, bombarde le cortex avec une série d'impulsions anarchiques que le cerveau supérieur traite sous forme d'informations cohérentes. Cette théorie s'oppose au modèle freudien, dans lequel la cause première des rêves est d'ordre psychologique. Dans le modèle « d'activation-synthèse », la première fonction du rêve, et donc du S.P., est de servir de test au cerveau (« développement et maintenance cérébrale ») de manière à favoriser la pensée pendant l'état de veille. Dans tous les cas, le rêve est un processus purement physiologique et tout contenu psychologique serait purement fortuit. Pour reprendre l'exergue de ce chapitre, « rêver d'une banane, c'est simplement rêver d'une banane ».

De nombreux théoriciens contemporains ont suivis un chemin analogue. Le professeur Francis Crick, prix Nobel pour ses recherches sur l'A.D.N. a publié sa théorie sur le rêve dans le journal *Nature* en 1983. Selon lui, il serait peut-être dangereux de se souvenir de ses rêves ! Le S.P. et les rêves qui l'accompagnent sont nécessaires ; ils permettent au cerveau de se débarrasser d'activités cérébrales indésirables ou inefficaces telles que les fantasmes, les informations inutiles et les associations superflues ou perturbantes provenant des expériences de la veille. Donc, selon Crick, le rêve est un apprentissage à l'envers. Les théories sur les rêves peuvent progresser grâce à la comparaison entre le fonctionnement d'un ordinateur et l'activité cérébrale : si vous utilisez un ordinateur personnel, vous pouvez constater qu'après un certain temps vous avez accumulé un nombre impressionnant de fichiers dont vous êtes parfois incapable de vous rappeler le contenu. Lorsque les mémoires de l'ordinateur sont saturées, il vous faut examiner tout ces vieux fichiers pour effacer ceux dont vous n'avez plus besoin, rentrer et réorganiser aussi les informations que vous voulez conserver. Vous ferez sans doute cela le soir ou le week-end lorsque l'ordinateur est moins sollicité. De même, les rêves sont peut-être des fragments d'informations traitées par le cerveau la nuit. Le cerveau au repos assimile les expériences de la journée et met de l'ordre dans ses vieux programmes. Cette hypothèse est intéressante car elle explique le rôle du sommeil — le cerveau doit être au repos — et le pourquoi de nos rêves. Il serait effectivement difficile d'ordonner notre mémoire lorsque nous sommes éveillés et que tous nos sens sont en alerte.

Rêver doit être important ; sinon pourquoi le S.P. tiendrait-il une si grande place dans notre temps de sommeil selon des modalités si précises ? Pour ma part, je pense que les rêves partent d'une série d'images prises au hasard que le rêveur investit d'un sens psychologique. Dans l'analyse des rêves, il faut faire la distinction entre le signal et le bruit. Les rêves sont un moyen pour le cerveau d'analyser, de trier et éventuellement de rejeter des informations à un moment où il ne risque pas d'être distrait par quoi que ce soit. Les rêves sont peut-être des fragments d'informations que l'ordinateur nocturne sélectionne spécialement, pour les utiliser ou pour les éliminer. Il y a tant à penser pendant la journée qu'il faudrait remercier notre cerveau d'être actif la nuit, de travailler pour nous lorsque nous nous reposons à l'abri de toute rentrée d'informations.

Rêves créatifs et rêves lucides

Il est absolument fascinant de savoir que certains rêves ont donné lieu à des découvertes scientifiques majeures. La structure du cycle benzenique, la transmission chimique de l'influx nerveux, l'invention de la machine à coudre sont nées d'un rêve. C'est aussi un rêve extraordinaire qui a permis de déchiffrer l'écriture cunéiforme de la pierre de Nabuchodonosor. En 1893, le professeur Herman Hilprecht, archéologue, à la recherche du sens de cette tablette, a rêvé de deux fragments de fouille soigneusement conservés dans deux vitrines séparées du musée d'Istambul : « Un grand prêtre maigre proclamait que ces deux tablettes devaient être réunies. » Hilprecht s'est donc rendu au musée pour constater que les deux les deux pièces se complétaient et formaient alors une inscription intelligible.

Un certain nombre de spécialistes du rêve ont mis au point des techniques pour améliorer la remémoration des rêves afin d'utiliser au mieux ces messages nocturnes. Une école propose d'augmenter les rêves lucides — c'est-à-dire rêver tout en étant conscient. Pour y arriver, il suffit d'avoir recours à l'autosuggestion juste avant de s'endormir. Si dans vos rêves vous êtes poursuivis par des monstres, vous pouvez vous convaincre la nuit suivante qu'ils sont si peu terrifiants que vous pouvez leur serrer la main et en faire des amis. Cela vous permet de découvrir la nature de l'anxiété de vos rêves et de mieux assumer les facettes inacceptables de votre personnalité (vos propres monstres).

Au XIXe siècle, le marquis d'Hervey de Saint-Denys, professeur de littérature chinoise et chercheur sur le rêve à ses heures, a mis au point une technique visant à supprimer d'affreux cauchemars récurrents : « Je ne me rendais pas compte que je rêvais et j'avais l'impression d'être poursuivi par d'abominables monstres. Je m'enfuyais par une enfilade de pièces. J'avais du mal à ouvrir les portes qui les séparaient, et dès que je refermais une porte derrière moi je l'entendais se rouvrir à nouveau par l'hideuse procession de monstres. Tout en essayant de m'attrapper, ils poussaient d'horribles cris. Je les sentais se rappocher de plus en plus. Je me réveillais en sursaut, tremblant et baignant de sueur... Une nuit, je refaisais ce cauchemar pour la quatrième fois... Au moment où les monstres avaient recommencé à me poursuivre, je me suis soudain rendu compte de ma situation véritable. La volonté acharnée de me débarrasser de ces terreurs illusoires m'a donné la force de vaincre ma peur. Au lieu de fuir, dans un suprême effort, je me mis dos au mur, déterminé à regarder en face les monstres fantomatiques. Cette fois, plutôt qu'un coup d'œil rapide, j'allais délibérément les dévisager. Je fixais mon principal assaillant. Il ressemblait à une de ces faces grimaçantes de démons sculptés aux porches des cathédrales. Rapidement, une curiosité scientifique fit place à toute autre émotion. Je vis alors le monstre fantastique s'arrêter à quelques pas de moi, soufflant et trépignant. Ma peur maîtrisée, il me parut grotesque. Je remarquais alors les griffes d'une de ses mains, ou pattes, devrais-je dire. Il y en avait sept, toutes bien dessinées. L'image du monstre était précise et réaliste : les cheveux et les sourcils, une sorte de blessure à l'épaule et beaucoup d'autres détails. Au point que c'est peut-être une des images les plus nettes que j'ai pu voir en rêve. S'agit-il du souvenir d'un bas-relief gothique ? Que ce soit le cas ou non, mon imagination était certainement responsable des mouvements et des couleurs de cette image. A force de concentrer mon attention sur ce spectre, tous ses ac olytes disparurent comme par enchantement. Finalement, ce monstre ralentit ses mouvements et devint flou. Il se changea enfin en une sorte de dépouille flottante qui ressemblait aux oripeaux qui servaient d'enseigne à certaines boutiques de vêtements à la mode au moment du carnaval. Suivirent des scènes sans intérêt et je me réveillais. » [18]

Et ses cauchemars disparurent à jamais.

Le rythme des rêves

Pendant le sommeil, les périodes de S.P. se succèdent toutes les 90 minutes ; le S.P. peut donc être considéré comme un rythme biologique ultradiurne. Si l'on a environ cinq périodes de S.P. par nuit, chacune d'une durée de 15 à 45 minutes, les rêves, eux, ne se répètent pas. Au laboratoire, il est rare qu'un sujet raconte deux fois le même rêve lorsqu'on le réveille à différentes périodes S.P..

Mais il arrive parfois qu'un même thème se répète au cours des cinq périodes de rêve :

1. Le rêveur est dans une piscine et tout le monde autour admire son corps. Il a alors peur qu'un de ses amis (de sexe indéterminé) regarde quelqu'un d'autre, mais « soudain je n'avais plus peur. J'avais l'impression de me métamorphoser. Je me transformais en un bel adonis musclé ». Il réalise ensuite une série de plongeons magnifiques en perdant presque son maillot de bains. Le rêve s'achève alors que le sujet attend le passage à la télé d'une star hollywoodienne.

2. Le sujet est dans une pièce avec deux vedettes hollywoodiennes ; l'une d'elles tire sur la porte à coups de revolver, la faisant voler en éclats. Un homme, à moitié invisible, entre et demande les « plans ». Il va jusqu'à l'homme au revolver et se met à l'étrangler. Mais le rêveur attaque l'assaillant et lui fait voir « trente-six chandelles... C'était pour moi comme un triomphe ».

3. Le rêveur tente de pénétrer dans une chambre par la fenêtre car il n'a pas la clef. Un complice, debout près de la porte, lui donne deux sandwiches, « les pires qu'on puisse imaginer ». Les deux personnages entrent mais le sujet n'est pas satisfait de ce qu'il voit et veut partir. « Il était question de nitroglycérine... La dernière chose dont je me souvienne, c'est que quelqu'un lançait une balle de base ball. »

4. Le rêveur fait une enquête sur la résistance pendant la Seconde Guerre mondiale. A l'heure du dîner, il interroge sa mère sur le sujet et lui demande : « Tu ne crois pas qu'on pourrait clore ce débat ? »

5. Le rêveur observe une dispute éclater pendant un cours d'économie. Le professeur continue imperturbable alors que deux étudiants discutent ardemment des dangers de l'inflation. [19]

Dans chacun de ses rêves se répète le thème du conflit entre hommes. Trois solutions possibles au conflit : la magie (transformation en bel Adonis), l'agression (arme à feu, guerre, nitroglycérine) et la négociation (dispute, discussion). Ces rêves ne sont pas semblables mais il y a une trame commune. Rétrospectivement, le fil thématique apparaît. Si l'on demande à des expérimentateurs de classer cinquante rêves faits par dix rêveurs, ils auront beaucoup de difficultés à regrouper les cinq rêves de chaque individu.

Troubles du sommeil liés au sommeil paradoxal

Cauchemars

Le cauchemar-rêve anxiogène, souvent associé à un mauvais réveil, est la plus fréquente des interruptions du S.P.. Comme ils apparaissent le plus souvent dans l'enfance, on les explique en général par des phénomènes liés aux conflits psychologiques de l'enfance. Chez l'adulte, ils sont souvent dû à un traumatisme — viol, meurtre, guerre, accident — ou tout événement qui menace la vie et le sentiment de sécurité.

Les cauchemars peuvent aussi apparaître chez une personne psychologiquement saine mais dans des conditions physiologiques particulières. Toute situation ou substance chimique qui réduit le S.P. (alcool, certains somnifères, privation de sommeil) entraîne généralement un regain de S.P. la nuit suivante. Cela se traduit par des rêves particulièrement intenses, « trop forts », ou par des cauchemars. Le délirium tremens qui survient chez un alcoolique chronique brutalement sevré peut correspondre à un S.P. continu peuplé d'hallucinations répugnantes et terrifiantes.

Les personnes souffrant de cauchemars sont souvent guéries par une psychothérapie ou par la suppression contrôlée des substances diminuant le S.P. Les terreurs nocturnes sont un trouble plus bizarre survenant lors de la première heure de sommeil lent et caractérisées par un réveil brutal dans un état de panique total. Il n'existe encore aucun remède à ce trouble. Les victimes de terreurs nocturnes sont partiellement cohérentes juste après ; elles ne sont donc ni complètement endormies ni tout à fait réveillées mais ne se souviennent de rien le lendemain matin. Les épisodes de terreur s'accompagnent le plus souvent d'une augmentation des fréquences cardiaque et respiratoire, et de sentiments de tension et de panique. Au moment de ce réveil nocturne le sujet ne se souvient de presque rien si ce n'est d'un fragment d'émotion terrifiant : « j'avais peur d'être attaqué », « je suffoquais », « la pièce se refermait sur moi ». Les détails et les images associés au rêve sont ici absents.

En général, les terreurs nocturnes disparaissent après l'enfance ou l'adolescence. Ceci laisse penser qu'elles sont liées à des difficultés psychologiques, à des conflits d'identité. Par ailleurs, certaines drogues qui abaissent le seuil d'éveil (ce qui augmente la difficulté à se réveiller) peuvent supprimer les terreurs nocturnes. Ces terreurs seraient donc un trouble de l'éveil : les sujets se réveillent parce qu'ils sont dans un état d'excitation qui les fait réagir avec un sentiment de terreur et de panique. Les bribes dont les sujets se souviennent pourraient correspondre à la méthode de réveil du cerveau qui explique ce réveil physiologique brutal. En général, il vaut mieux ne pas traiter les terreurs nocturnes de l'enfant ; en l'aidant à se rendormir rapidement, il ne se rappelle plus de rien le matin. Chez l'adulte, en revanche, une prise en charge psychologique est souvent nécessaire.

Vous est-il déjà arrivé de vous réveiller en pleine nuit sans pouvoir bouger du tout ? La « paralysie du sommeil » est un phénomène impressionnant dont tout le monde à fait l'expérience au moins une fois. Des attaques répétées de paralysie du sommeil sont extrêmement rares sauf chez les patients atteints de narcolepsie. On a également décrit des cas de familles entièrement atteintes ; dans ce cas, le trouble serait d'origine génétique. Habituellement, la paralysie du sommeil est un simple défaut de transition entre un S.P. normal et le réveil. Pendant le S.P., nos réflexes sont paralysés, ce qui nous évite de « jouer » nos rêves. Il y a de fortes chances pour que le réveil matinal ait lieu pendant une période de S.P.. Si l'on se réveille rapidement (à cause d'un rêve troublant ou d'un bruit extérieur), il arrive que l'on se sente paralysé. Tout en reprenant conscience, on est encore plongé en plein S.P. : on entre en état d'éveil. Se réveiller brutalement à la suite d'une expérience hallucinatoire (le rêve) sans pouvoir faire un mouvement provoque un sentiment de terreur. La plupart des gens tentent de lutter contre la paralysie du sommeil. Ils essayent de se réveiller complètement mais cela prolonge le phénomène. Un certain nombre de patients m'ont confié qu'en se rendormant simplement, plutôt que de vouloir se réveiller, le phénomène disparaît et un réveil véritable survient un peu plus tard sans difficultés.

L'impuissance

Au Centre du Sommeil de l'Université Baylor au Texas, 60 % des patients sont hospitalisés pour impuissance sexuelle. 95 % des périodes de S.P. s'accompagnent d'une érection pénienne totale ou partielle. Cela a conduit à l'élaboration d'une méthode de diagnostic des causes de l'impuissance. La cause d'une impuissance peut-être déterminée par l'enregistrement des érections pendant le S.P. En cas d'impuissance, si les érections nocturnes sont normales la cause du trouble est d'origine psychologique. Mais en l'absence d'érections nocturnes, la cause du trouble est vraisemblablement organique. Deux types de traitements peuvent être dispensés : la psychothérapie ou le conseil sexuel, d'une part, et des thérapies hormonales ou des implantations chirurgicales, d'autre part. Les méthodes d'enregistrement des érections nocturnes sont très controversées. Les spécialistes du sommeil proposent une étude simultanée du sommeil et de l'érection : une façon d'être certain de l'existence d'un S.P. normal. Les urologues se reposent, eux, sur le test de la bague de papier. Cette bague est placée sur le pénis au moment du coucher. En cas d'érection nocturne normale, elle se brise. 2 % des hommes de moins de 40 ans et 75 % des plus de 80 ans souffrent d'impuissance. Le rapport Kinsey attribue l'impuissance à un trouble physiologique tandis que Masters et Johnson parlent, eux, de problèmes d'activité ou d'inactivité sexuelle. Des études minutieuses d'enregistrements nocturnes et de tests urologiques diurnes montrent que 70 % des patients atteints d'impuissance chronique souffrent d'un trouble organique tel que le diabète, certains effets secondaires de médicaments, l'artériosclérose des artères génitales ou du système nerveux. (Beaucoup de médecins omettent d'examiner le pénis alors que certaines maladies vasculaires peuvent être facilement diagnostiquées par l'examen physique.) L'enregistrement des érections nocturnes est presque devenu un examen de routine.

Cœur et sommeil paradoxal

Les attaques cardiaques pendant le sommeil sont relativement fréquentes chez les patients atteints de maladie cardiaque chronique. En général, ces attaques ont lieu pendant le S.P. lorsque le rythme cardiaque est variable. Récemment, les spécialistes du sommeil se sont penchés sur le cas de jeunes hommes, immigrants du sud-est asiatique aux États-Unis, mourrant subitement au cours du sommeil alors qu'ils étaient en bonne santé. Cette manifestation était déjà connue en Asie, sous le nom de « Bangungat » (se lever pour rendre l'âme) aux Philippines ; « Non-laitai » (mort du sommeil) au Laos et « Pokkuni » (mort subite) au Japon. Une surveillance cardiovasculaire nocturne faite chez trois survivants de ce type d'attaque a révélé une tachycardie ventriculaire-accélération importante, dangereuse et irrégulière du rythme cardiaque pendant le sommeil.

Christian Guilleminault, du service de médecine du sommeil de Stanford, a montré l'existence de troubles cardiaques chez d'autres types de patients. Ils n'apparaissent que pendant le S.P. L'un de ces patients, une femme médecin de 30 ans, adepte du jogging, présente les symptômes suivants : depuis deux ans et demi, les jours suivant une garde de nuit, elle a des palpitations intermittentes, de vagues douleurs dans la poitrine qui irradient éventuellement vers l'épaule et des étourdissements. Parfois, lorsqu'elle est brusquement réveillée tôt le matin par une urgence, sa vision se brouille et elle a l'impression de s'évanouir sans faire une syncope complète. Elle a été amenée à consulter après une perte de conscience brutale alors qu'elle essayait de répondre au téléphone au milieu de la nuit.

Des examens cardiaques faits le jour (électrocardiogrammes, électrocardiogrammes d'efforts, angiographies et cathétérisations) sont tous normaux. En revanche, un électrocardiogramme de Holter (enregistrements de l'activité cardiaque pendant 24 heures d'affilée) révèle des asystoles (arrêt complet des battements cardiaques) de 2,5 à 9 secondes. Par des enregistrements pendant le sommeil, on a pu montré que toutes les asystoles ont lieu pendant le S.P. et jamais pendant le sommeil lent. De plus, presque toutes les pauses cardiaques apparaissent en même temps qu'une accélération des mouvements oculaires rapides sans jamais être associées à un réveil. Cette simultanéité ne signifie pas que la cause de ces symptômes soient de mauvais rêves : le trouble apparaît en fait pendant une période d'activité physiologique intense. [20]

Les problèmes cardiaques accompagnent souvent une apnée mais la présence d'épisodes d'arrêt cardiaque chez des jeunes adultes avec un cœur par ailleurs normal est surprenante. Une anomalie spécifique de la régulation du rythme cardiaque pendant le S.P. pourrait expliquer certains arrêts cardiaques survenant pendant le sommeil. Mieux, le cas décrit ci-dessus démontre que pendant le S.P. le rythme cardiaque est régulé par un mécanisme physiologique autre que celui qui opère pendant l'éveil ou le sommeil lent. Lorsque le diagnostic de troubles cardiaques liés au S.P. est correctement établi, par un enregistrement E.E.G. couplé à un électrocardiogramme de 24 heures, les patients peuvent être traités efficacement avec un pacemaker.

Violence nocturne

Depuis mes débuts, j'ai eu plusieurs patients sujets à des épisodes de violence nocturne. L'un d'eux s'est jeté à travers une fenêtre au cours d'une crise de claustrophobie. Un autre battait sa compagne sans le savoir pendant son sommeil. C'est elle qui est venue me consulter et je leur ai recommandé une thérapie de couple. Ils ont consulté un spécialiste une fois mais l'homme a refusé de fouiller son inconscient à la recherche d'un problème psychologique qui pourrait expliquer son comportement. Un jour, un avocat nous a appelés pour un de ses clients, un jeune homme qui, réveillé par un ami 45 minutes après s'être endormi, s'est rendu coupable de complicité de meurtre : le jeune homme a crié « tue le » pendant que son ami, adolescent lui aussi, poignardait un homme à mort. Cet avocat voulait savoir si son client pouvait être considéré comme irresponsable pour pouvoir ainsi plaider que l'action s'est déroulée dans un état de conscience diminué. On peut effectivement se trouver désorienté lorsqu'on est tiré de son sommeil, mais de manière brève. L'esprit critique n'est pas affecté de façon substantielle au réveil sauf peut-être chez un somnambule chronique. J'ai appris plus tard que le jeune homme a été condamné pour homicide volontaire, un verdict légèrement moins lourd que ce que demandait le procureur.

Dans un autre cas, un procureur m'a contacté pour une affaire d'enfant battu. L'accusé prétendait ne pas être responsable car il était violent pendant son sommeil. J'ai fait remarquer que cette histoire semblait peu vraisemblable car les coups duraient plus de 30 minutes. En général, les cas de violence nocturne et de confusion prolongée sont rares et correspondent à un réveil d'un sommeil de stade 3-4 plutôt qu'à un S.P. La plupart des comportements liés à l'état de confusion qui existe entre le sommeil et l'éveil sont simples et de faible durée. Il n'est guère plausible d'avoir un comportement violent complexe pendant longtemps sans se trouver rapidement dans un état de pleine conscience.

Mais il existe des exceptions. Le Professeur Ian Oswald, de l'Université d'Édimbourg, a récemment décrit le cas d'un homme qui s'est réveillé brutalement après une terreur nocturne et qui a tué sa femme en croyant être attaqué. Il a été acquitté car, pour le jury, il n'était qu'à moitié conscient et donc irresponsable. Le Professeur Oswald a trouvé une jurisprudence anglaise du XVIIe siècle.

L'énigme des rêves

Au cours des trois dernières décennies, avec le développement d'une recherche moderne sur le sommeil, le nombre des chercheurs qui étudient le contenu des rêves n'a pas cessé de décroître. Pendant mes études à l'Université de Chicago en 1973, tout le monde pensait que le mystère des rêves allait bientôt être percé. La méthode d'étude consistait à observer des sujets réveillés pendant un rêve. Après minuit, avec mon collègue Dom Bliwise, nous avions l'habitude de monter un sandwich au laboratoire, de préparer deux volontaires pour dormir et d'attendre tranquillement que l'un d'eux ait une « bonne » période de S.P. Dom observait le polygraphe et réveillait son sujet soit pendant une période intense de mouvements oculaires rapides soit pendant une période de calme. Lorsqu'il trouvait sur l'E.E.G. l'onde qui l'intéressait, il appuyait sur une sonnette pour réveiller son sujet et lui demandait de raconter son rêve. Mon travail consistait à classer les rêves en fonction de leur degré d'étrangeté. Notre but était de trouver un tracé caractéristique de rêve étrange et donc d'avoir un moyen de caractériser les hallucinations diurnes de la schizophrénie.

La difficulté était de savoir si « l'étrangeté » résidait dans le rêve lui-même ou bien dans les propos du rêveur. Malheureusement, nos résultats se sont avérés négatifs et maintenant chacun de nous, comme la plupart des spécialistes du sommeil, se concentre essentiellement sur la pathologie du sommeil. Tant que l'on ne trouvera pas une méthodologie pour étudier le contenu des rêves sans réveiller le dormeur, ce domaine de recherche restera confus.

Personne, ni même le psychanalyste familier des expériences, des émotions et des préoccupations de ses patients, n'est capable de prédire avec précision le contenu d'un rêve avant le sommeil. Comme nous l'avons dit, les rêves sont complexes, et ne sont pas simplement liés aux activités de la journée. Il existe quelques caractères communs à tous les rêves : ils mettent plus souvent en scène des gens que des animaux, des hommes que des femmes, l'hostilité que l'amitié, des choses désagréables que des choses agréables et la passivité que l'action. 50 % des rêves sont en couleur. Il peut y avoir un thème unique à tous les rêves d'une même nuit où un conflit se rejoue d'une période de S.P. à l'autre.

Le rêve reste une énigme. On ne se souvient pas de la plupart de ses rêves alors que l'on passe 10 % de sa vie à rêver. Un rêve inexpliqué est-il comme une lettre non lue, comme le dit le Talmud ? Ou bien la plupart des rêves ont-ils aussi peu d'intérêt que de vulgaires prospectus ? La recherche sur les rêves s'est ralentie depuis les découvertes des années 1950 et 1960. Pour avancer dans le domaine, il faut faire appel à de nouvelles technologies. Peut-être dans l'avenir sera-t-il possible de projeter sur un écran de télévision les signaux cérébraux. Il sera alors possible de comprendre comment se forment les rêves, comment ils se développent et ce qu'ils deviennent lorsqu'ils sont terminés.

CHAPITRE 7

« JE NE PEUX PAS DORMIR ! »

« N'allez pas au lit, tant de gens y meurent. »
Mark Twain

L'avertissement de Mark Twain fait rire mais ce rire peut cacher une peur réelle. On appelle parfois le sommeil « le petit frère de la mort », et pour beaucoup d'insomniaques, le sommeil est lié à la peur inconsciente de la mort. A l'évidence, dormir peut raviver la peur de la mort et peut réveiller aussi la peur de perdre le contrôle de sa vie.

On peut juger de l'importance de cette peur en observant le rituel qui précède le sommeil. Le dormeur normal a généralement des habitudes simples — par exemple, il se brosse les dents, vérifie que sa porte est bien fermée à clef et baisse le chauffage. Les insomniaques qui craignent la mort ou la perte de contrôle ont souvent des rituels exagérés avant de se coucher — ils vérifient plusieurs fois que le gaz est bien éteint, arrangent et réarrangent les couvertures et les oreillers du lit pour être sûr que tout est parfait. L'un de mes patients comptait les billes de son rosaire chaque soir pendant sa prière ; au matin, il pouvait dire combien de temps il lui avait fallu pour s'endormir en fonction de la bille à laquelle il s'était arrêté.

Certains de mes patients insomniaques racontent des rêves qui montrent clairement leur peur de la mort : « Je suis immobilisé dans un coin que je suis incapable de quitter. Mon cœur est sur la table pendant qu'on me charcute. J'ai des puces qui me sautent sur tout le corps ; et je sens mille morsures ». Ces rêves sont ceux d'un cadre retraité de 68 ans sérieusement handicapé par son insomnie, qui adore foncer à plus de 160 km/h dans sa voiture de sport. Depuis son pontage coronaire il y a quatre ans, son sommeil est de mauvaise qualité et souvent interrompu.

Il est très difficile pour le dormeur normal d'imaginer les souffrances d'un insomniaque à moins de s'enfoncer lui-même dans une série sans fin de mauvaises nuits. Heureusement, pour la plupart des gens, une insomnie ne dure qu'une nuit ou deux et est en général liée à un événement stressant : un examen important, une réunion ou un voyage. Tous les hommes feront sans doute un jour l'expérience de l'insomnie mais ce trouble est extrêmement rare chez l'animal. Même si le système nerveux et la physiologie du sommeil des animaux sont proches des nôtres, ils ne partagent pas notre psychisme — ils sont plus proches de la nature. L'ours dort tout l'hiver ; la chouette est active toute la nuit. Si les chats, les léopards ou les renards sont réveillés la nuit, c'est certainement parce que l'obscurité leur permet de faire des choses qu'ils ne pourraient faire le jour comme capturer d'autres animaux. L'insomnie est un trouble exclusivement humain.

L'insomnie est inévitablement liée aux activités diurnes. Elle doit donc être considérée comme un problème permanent (qui existe 24 heures sur 24) plus qu'un simple trouble du sommeil. L'insomniaque chronique — le type même du patient traité dans un service de médecine du sommeil — peut ne pas avoir de nuit de sommeil décente pendant 20 ans. Il se plaint davantage des troubles nocturnes que des troubles diurnes liés à sa maladie. Les troubles nocturnes sont des difficultés à s'endormir et à rester endormi, un réveil précoce et une mauvaise qualité de sommeil. Les troubles diurnes sont la fatigue, l'envie de dormir, les mauvaises performances, des courbatures et de l'anxiété. Toutes les combinaisons de ces symptômes peuvent se retrouver chez un insomniaque. Le rôle de la médecine du sommeil est d'évaluer ces symptômes et de les vérifier, éventuellement, par des mesures physiologiques : une façon de poser le diagnostic et d'établir un traitement spécifique qui, en général, améliore l'insomniaque.

Pour mieux définir les symptômes de l'insomnie, le Dr Mary Carskadon, chercheur à Stanford, a étudié un grand nombre d'insomniaques type. A la suite d'une annonce dans un journal de San Francisco, 122 individus souffrant d'insomnie ont été recrutés comme volontaires, pour passer une nuit dans le service de médecine du sommeil de Stanford et permettre ainsi aux chercheurs d'étudier leur sommeil. Au matin, tous se sont plaints d'avoir mis en moyenne 60 minutes à s'endormir. Les tracés objectifs de l'E.E.G. ont montré quelque chose d'assez différent : les sujets ont mis en fait environ 15 minutes à s'endormir après l'extinction des feux. Autre exemple de décalage entre le vécu des insomniaques et la réalité : la plupart ont dit n'avoir dormi que 4 h 30 alors que les enregistrements témoignent d'un temps de sommeil de 6 h 30 en moyenne.

Pourquoi un tel décalage entre le récit de ces insomniaques

et les résultats des mesures du temps de sommeil ? Habituellement, on déclare ces patients névrosés et l'on dit que leurs plaintes sont exagérées. Ceci n'est vrai que pour environ 10 % d'entre eux. En fait, la sensation de dormir peu ou pas du tout peut provenir de réveils répétés, indétectables tout au long de la nuit. En 1969, à l'ouverture du service de médecine du sommeil de Stanford, l'usage d'électrodes de détection de mouvements anormaux des jambes ou de thermistances placées près du nez et de la bouche pour déceler des rythmes respiratoires irréguliers, ne faisait pas partie des examens de routine. A cette époque, 50 % des gens qui se plaignaient de ne pas dormir étaient considérés comme des pseudo-insomniaques — c'est-à-dire se plaignant d'insomnies sans signes objectifs de perturbation du sommeil. Avec les progrès de la technologie et la découverte de nouvelles pathologies du sommeil, on trouve des signes objectifs d'insomnie chez beaucoup de ces patients « névrosés ».

Qui est insomniaque ?

On pense que l'insomnie touche de 15 à 30 % de la population adulte. Ce chiffre peut atteindre 65 % chez certains groupes comme les travailleurs de nuit ou les malades atteints de troubles psychiatriques. On retrouve les mêmes proportions dans des pays aussi divers que l'Angleterre, la Finlande, Israël et l'Italie.

Des études réalisées en laboratoire ou à plus grande échelle ont permis de mieux caractériser l'insomnie. L'une des premières études faites en laboratoire a montré que les mauvais dormeurs sont de nature anxieuse et sont, pendant le sommeil, d'un point de vue purement physiologique, proches de l'état d'éveil. En revanche, leur activité cérébrale est très proche de celle des dormeurs ordinaires. Il semble donc que l'insomnie ne soit pas due à une anomalie cérébrale.

C'est à San Marin , république indépendante de 20 000 habitants, située au centre de l'Italie, qu'a été réalisée l'une des études épidémiologiques les plus complètes sur les troubles du sommeil : 25 % de la population a répondu à un questionnaire sur le sommeil : 13,4 % des habitants « dorment mal, toujours ou presque toujours, en l'absence de somnifères ». Les bons dormeurs dorment en moyenne de 9 à 10 heures par nuit en dessous de 15 ans, 7 à 8 heures au-dessus de 15 ans et s'endorment en général dans les 10 minutes. Les jeunes ne se réveillent jamais pendant la nuit, les plus vieux ne se réveillent qu'une fois. Les bons dormeurs se souviennent rarement de leurs rêves, font rarement la sieste et s'ils ont sommeil pendant la journée, c'est en général après le repas de midi et quant aux mauvais dormeurs, ils mettent 30 minutes à s'endormir, se réveillent plusieurs fois la nuit et dorment, en moyenne, 2 heures de moins par jour. Souvent, ils se souviennent de leurs rêves, font la sieste et ont tout le temps sommeil. Les mauvais dormeurs absorbent moins de caféine que les autres mais ils prennent plus de somnifères. Ils sont en général plus âgés, de sexe féminin, anxieux ou déprimés et connaissent des problèmes familiaux et/ou professionnels.

Une étude similaire faite à Houston (Texas) montre que l'insomnie est plus répandue chez les femmes que chez les hommes, chez les retraités que chez les actifs, chez les veufs, divorcés ou séparés que chez les mariés ou célibataires, chez les locataires que chez les propriétaires ; on retrouve d'autant plus l'insomnie que le niveau socio-économique et le revenu familial sont bas.

Ces résultats prouvent que l'insomnie est intimement liée au degré de stress émotionnel et au changement de modes de vies, surtout entre 20 et 65 ans. Après, l'insomnie est à imputer à des troubles physiologiques du sommeil et à des problèmes de santé. Une série d'études faites à Stanford renforce cette conclusion. Quels sont les effets de l'insomnie à long terme ? Curieusement, 48 % des gens pensent que l'insomnie chronique est responsable de maladies cardiovasculaires. En tant que cliniciens, nous passons notre temps à dire à nos patients que l'insuffisance chronique de sommeil ne prédispose à aucune maladie particulière (cela est vrai dans la mesure où nous ne sommes pas capables de détecter la moindre anomalie physiologique pendant une expérience de privation de sommeil) mais pourtant, il existe une relation entre longévité et qualité de sommeil (voir chapitre 4). Ceux qui dorment entre 7 et 8 heures par jour ont la plus grande espérance de vie.

En ce qui concerne les performances, Laverne Johnson et ses collègues du centre naval de recherche sur la santé de San Diego ont remarqué que l'insomnie peut constituer un facteur de prévision des performances du personnel de la marine. Après 6 ans de suivi, les marins dormant mal ont moins de promotion, moins de recommandations, plus de blâmes et sont plus souvent hospitalisés que les autres. Ces résultats permettent d'avancer deux hypothèses : 1) L'insomnie est responsable d'une somnolence diurne, de problèmes de santé et d'une baisse de performances. 2) L'insomnie révèle l'existence de problèmes psychologiques chroniques qui ont des répercussions autres que sur le sommeil.

Des expériences cliniques étayent chacune de ces hypothèses. L'association des services de médecine du sommeil (A.S.D.C.) a étudié 8 000 insomniaques sévères à travers les États-Unis par des examens médicaux, psychologiques, polysomnographiques (un polysomnologue est un spécialiste du sommeil), sanguins et du sommeil nocturne : 35 % sont atteints de dépression et autres troubles psychiatriques ; 15 % souffrent de stress ; 30 % ont des troubles divers, toxicomanie, mouvements périodiques des jambes pendant le sommeil, problèmes respiratoires et chronobiologiques. Chez les 10 % restants, il n'existe pas d'anomalies objectives (pseudo-insomnie du sujet âgé).

Diagnostic et traitement

Pour bien soigner l'insomnie, il est fondamental de faire un bon diagnostic, ce qui n'est pas facile car il y a au moins 20 types d'insomnies. Dans presque tous les cas, il existe un traitement adéquat. Les malades eux-mêmes compliquent la tâche : soucieux des réactions des autres devant leurs problèmes quotidiens, fatigue, somnolence, courbatures et demandes d'arrêts de travail, ils évitent de parler de leurs symptômes. Craignant le rejet, ils doivent aussi faire attention à ne pas réveiller le conjoint qui dort. On voit souvent les insomniaques comme des névrosés qui manquent de volonté et préfèrent se reposer sur un traitement médical quitte à vivre secrètement avec leurs troubles. Même lorsqu'ils souffrent de problèmes psychologiques évidents, ils choisissent de supporter leur insomnie plutôt que de suivre une psychothérapie et de faire face aux vrais problèmes.

Un autre obstacle majeur au traitement de l'insomnie réside en l'incompétence des médecins qui n'ont, pour la plupart, jamais étudié les bases de la physiologie et de la pathologie du sommeil. Les informations dont ils disposent se limitent le plus souvent à la visite de représentants en produits pharmaceutiques dont les connaissances sont réduites aux somnifères. Une étude réalisée par le groupe de Stanford montre qu'un interne passe en moyenne deux minutes avec un malade qui se plaint de ne pas dormir — et ceci comprend le temps d'écrire l'ordonnance ! Grâce à l'influence grandissante de l' A.S.D.C. sur les facultés de médecine, les généralistes sont de plus en plus compétents. Ceci diminue la prescription automatique d'hypnotiques et augmente les recours aux spécialistes.

Il existe cinq grands types d'insomnie chronique, chacun bénéficiant d'un traitement particulier. L'insomnie aiguë, quelques mauvaises nuits de sommeil dues à un événement particulier — examen, entretien de travail, voyage — ne nécessite pas l'établissement d'un diagnostic et régresse spontanément en quelques nuits. Le sommeil des athlètes olympiques est à ce titre un excellent exemple (voir encadré ci-dessous).

Le sommeil des athlètes olympiques

Le niveau sportif des athlètes olympiques de tous les pays est extrêmement élevé. Dans beaucoup de disciplines, une fraction de seconde fait la différence entre la médaille d'or et l'oubli. Au tir à la carabine, il faut appuyer sur la gachette à un rythme plus rapide que celui du cœur ! On comprend donc facilement que ce niveau de performance nécessite un sommeil parfait. J'ai d'ailleurs remarqué qu'en comparaison avec de jeunes adultes, les athlètes olympiques sont d'excellents dormeurs. 3 % seulement sont insomniaques et 10 % ont occasionnellement des difficultés à dormir ou à s'endormir. Dans l'ensemble, ils dorment en moyenne 7 h 3/4 par nuit et font 30 minutes de sieste dans la journée.

Mais avant une compétition, tout change. La moitié des athlètes disent avoir des problèmes de sommeil la nuit précédente. Le plus souvent, il s'agit d'une difficulté à s'endormir mais on rencontre aussi des réveils précoces ou un sommeil de mauvaise qualité. En cas de compétition tôt le lendemain matin, la plupart des athlètes se couchent et se lèvent plus tôt que d'habitude. Pour la plupart d'entre eux, il s'agit d'un ajustement sur un horaire moins tardif, c'est-à-dire contre la dérive naturelle de leur horloge biologique. En moyenne, ils dorment une à trois heures de moins que d'habitude.

Les jeunes athlètes olympiques pensent souvent que leurs problèmes de sommeil ont un effet négatif sur la performance du lendemain. Par exemple : « baisse d'énergie, faiblesse, anxiété, manque de concentration ». Certains disent que la diminution de la performance liée au manque de sommeil est inversement proportionnelle au niveau de la compétition : plus l'enjeu est important, plus ils peuvent dominer leur fatigue. Mais on ne peut sans cesse compter sur un tel sursaut d'énergie.

Le docteur : *Comment dormez-vous la nuit ?*
Le patient : *Je ne peux pas dormir. Je me promène toute la nuit.*
Le docteur : *Je vois ! Vous êtes somnambule.*
Le patient : *Non, je suis gardien de nuit.*

Les cinq insomnies chroniques

L'insomnie psychiatrique

35 % des insomnies sont d'origine psychiatrique. Chez ces patients, la mesure objective du mauvais sommeil s'accompagne d'une quantité d'autres symptômes, le plus souvent dépression et anxiété. Un traitement correct de ces troubles supprime l'insomnie. Il est souhaitable d'avoir recours à une approche psychiatrique incluant anti-dépresseurs, anxiolitiques et entretiens. Avec ces patients, il faut travailler plus sur les causes que sur l'insomnie elle-même. Je suggère même que, les premiers entretiens passés, le patient n'ait plus le droit de parler de ses problèmes de sommeil. Dans ces conditions, d'autres problèmes font rapidement surface, à la grande surprise du patient. On ne comprend pas encore pourquoi ces patients développent une insomnie plutôt que des maux de tête, d'estomac ou d'autres troubles psychosomatiques.

L'insomnie causée par le stress

15 % des insomnies chroniques sont dues au stress qui est aussi une cause d'insomnie intermittente. Par définition, les patients de cette catégorie n'ont pas de troubles psychiatriques. Leurs symptômes varient pendant l'année en fonction de leur vie quotidienne. Ils sont avant tout préoccupés de bien dormir pour être en forme le lendemain. Beaucoup « essaient très fort » de s'endormir mais la tension et l'anxiété qui en résultent les maintient éveillés de plus belle. Leur problème de sommeil persiste souvent même s'il n'y a plus depuis longtemps d'événements stressants dans leur vie.

« J'en ai assez. Ça ne peut plus durer ! », me dit un jour un financier de 40 ans. Heureux en ménage avec trois jeunes enfants, la vie de Monsieur S. semble sans histoire. Et Monsieur S. ne souffre d'aucun problème psychiatrique. L'examen de son sommeil révèle 4 h 30 de sommeil ininterrompu sans anomalies physiologiques. Sa préoccupation majeure consiste à savoir si son sommeil peut affecter ses capacités de travail qui nécessitent une attention soutenue.

Il s'était constitué le traitement suivant : boire quelques verres de vin après le dîner pour s'abrutir ; se coucher à huit heures ; se forcer à rester au lit ; prier au lit ; et essayer, très fort, de s'endormir en comptant les moutons.

Malheureusement, cette technique ne marche pas. Plus il s'efforce de s'endormir, moins il y arrive. Les patients atteints d'insomnie causée par le stress peuvent être soignés avec les techniques comportementales. En brisant le cercle vicieux de ce conditionnement négatif et en lui substituant une approche positive, on peut les améliorer en l'espace de cinq semaines. La technique utilisée est paradoxale : en ne cherchant plus à s'endormir à tout prix, il est plus facile d'y arriver. Monsieur S. a été complètement guéri en un mois grâce aux techniques proposées à la fin de ce chapitre. Cependant, lorsque d'autres causes s'ajoutent au stress, le traitement est plus difficile.

Les insomnies d'origine physiologique

Chez 30 % des insomniaques, un examen médical complet permet de découvrir une cause physiologique à leur problème. On retrouve entre autre les syndromes suivants :

1. Les mouvements périodiques des jambes pendant le sommeil. Il s'agit de mouvements involontaires, presque toutes les 30 secondes tout au long de la nuit, qui réveillent souvent le sujet. Parfois, le conjoint est réveillé le premier par les coups de pieds de l'autre. Certains syndromes neurologiques touchant les jambes

— fourmis, décharges électriques — peuvent s'accompagner de mouvements périodiques.

2. Anomalies respiratoires liées au sommeil. Il s'agit d'un réveil anxieux avec une sensation d'étouffement et une impossibilité à se rendormir. Certains insomniaques atteints d'apnée pendant le sommeil n'ont pas conscience de leurs troubles respiratoires. Les troubles respiratoires liés au sommeil s'accompagnent fréquement d'un excès de sommeil. Ceux-ci seront exposés au chapitre 8.

3. Problèmes médicaux divers. Ces problèmes, par exemple l'arthrite ou les troubles du rythme biologique, peuvent provoquer l'insomnie. Lorsqu'un de ces troubles a été correctement diagnostiqué, il existe en général un traitement.

Mauvaises habitudes de sommeil

10 à 15 % des insomniaques entrent dans cette catégorie. Elle regroupe aussi bien les personnes ayant des horaires de sommeil irréguliers que les alcooliques, les caféinomanes, les drogués et les habitués des somnifères.

Il y a différentes techniques pour améliorer ces patients. Mais comme un régime amaigrissant, elles exigent un effort de volonté constant. Les résultats sont meilleurs s'ils sont suivis par un médecin, une infirmière, etc. Ces techniques peuvent aussi être utilisées pour établir un diagnostic. Si les troubles persistent, alors l'insomnie est vraisemblablement d'origine psychologique ou physiologique.

La pseudo-insomnie, une catégorie en baisse

Cette dernière catégorie regroupe les patients pour lesquels on ne trouve aucune cause objective d'insomnie. En 1970, ce groupe représentait 50 % des insomniaques. Mais grâce aux progrès techniques et à l'amélioration des méthodes de diagnostic, il ne représente plus que 10 %. L'enregistrement nocturne de l'activité cérébrale de ces patients montre 7 à 8 heures de sommeil normal. Pourtant, ils sont convaincus « ne pas avoir dormi du tout » ou « n'avoir dormi que quelques heures ». Devant les résultats de l'examen, deux réactions possibles : « Merci docteur pour cette bonne nouvelle. Maintenant, je vais pouvoir dormir tranquille » ou « Docteur, vous avez dû faire une erreur, il doit s'agir de quelqu'un d'autre. Je n'ai absolument pas dormi de la nuit. »

Si la première réponse fait plaisir aux spécialistes du sommeil, la seconde peut être un véritable cauchemar. Certains patients vont jusqu'à poursuivre leur médecin devant les tribunaux ; d'autres font une véritable crise de paranoïa, certains d'être trompés ou d'être victimes de manipulations des ondes cérébrales. Une de mes patientes d'Arabie saoudite était convaincue que j'avais trafiqué son E.E.G. dans le cadre d'un complot du gouvernement saoudien pour l'expulser des États-Unis. Nous refaisons toujours deux ou trois fois l'examen et essayons de proposer le meilleur suivi psychiatrique possible. Malgré tout, ce genre de patients vont parfois jusqu'à consulter d'autres services de médecine du sommeil, complètement incapables d'accepter l'idée d'avoir effectivement dormi toute la nuit. Si ces pseudo-insomniaques s'obstinent ainsi à nier la réalité, c'est peut-être pour éviter de faire face à leurs problèmes psychologiques. Dans certains cas, il se peut que nos techniques d'enregistrement ne soient pas suffisamment sensibles pour détecter des réveils très brefs ou des périodes de réflexions actives qui pourraient donner l'impression au dormeur de ne pas dormir du tout. Les progrès constants dans ce domaine vont probablement réduire le groupe des pseudo-insomniaques.

Traitements

La chronothérapie

Dan J., étudiant de 22 ans, est venu me consulter dans notre service pour des difficultés d'endormissement. Ne s'endormant qu'au petit matin, il avait donc du mal à se réveiller. Depuis la classe de Sixième, où les troubles ont commencé, il arrivait sans cesse en retard à l'école. A l'université, il lui arrivait fréquemment de s'endormir en cours ou en travaux pratiques le matin. Il attribuait son peu de vie sociale à son insomnie. Ses professeurs le jugeaient paresseux. Ses camarades le trouvaient bizarre. L'entraîneur de l'équipe de foot du lycée l'avait exclu pour manque d'énergie. Sa famille avait beau le traîner hors du lit et sous la douche, il lui arrivait quand même de se rendormir.

Il a essayé toutes sortes de traitements en vain : psychanalyse, relaxation, biofeedback, compter les moutons, somnifères, antidépresseurs et autres. Il a aussi tenté de se coucher tôt tous les soirs à la même heure, sans plus de succès.

En premier lieu, nous avons demandé à Dan de tenir un journal de bord de son sommeil. Là, il apparaît qu'il se couche entre dix heures et onze heures, qu'il ne s'endort pas avant trois ou quatre heures et qu'il est obligé de se réveiller à sept heures pour aller aux cours. A peu près une fois par semaine, il n'entend pas son réveille-matin et arrive en retard aux cours. D'autres fois, il s'endort dans le bus et manque son arrêt. Le week-end, Dan se couche à

4 heures du matin, s'endort dans la demi-heure et se réveille à midi. En vacances aussi, il se couche à 4 heures du matin et dort jusqu'à midi ou deux heures. A cette occasion, il ne souffre plus d'insomnie et se sent en forme pendant la journée.

En vacances et le week-end, Dan dort donc parfaitement normalement. Son insomnie était donc due à une incapacité à décaler ses horaires de sommeil, à ajuster son horloge interne sur un horaire conventionnel. La solution pourrait être de réorganiser sa vie sociale et ses études en fonction de ses horaires de sommeil, ou bien de l'emmener sur une île du Pacifique à cinq fuseaux horaires de la Californie. Évidemment, ce n'est pas possible. Notre problème consistait donc à avancer les horaires de sommeil de Dan. Or, lorsque lui-même s'obligeait à se coucher à dix heures, cela ne marchait pas.

Après plusieurs semaines d'observation, nous avons fait venir Dan à notre laboratoire et l'avons mis au lit à dix heures toutes lumières éteintes ; mais il n'a pas pu trouver le sommeil. En le couchant à 4 heures, il s'endormait sans problèmes. Exactement comme le disait son journal de bord. Nous lui avons ensuite proposé une technique de réadaptation appelée chronothérapie (voir figure 7-1).

Cette technique repose sur deux principes : 1) L'horloge est cyclique. 2) Notre cycle veille-sommeil dérive naturellement vers des heures plus tardives. Nous avons donc couché Dan de plus en

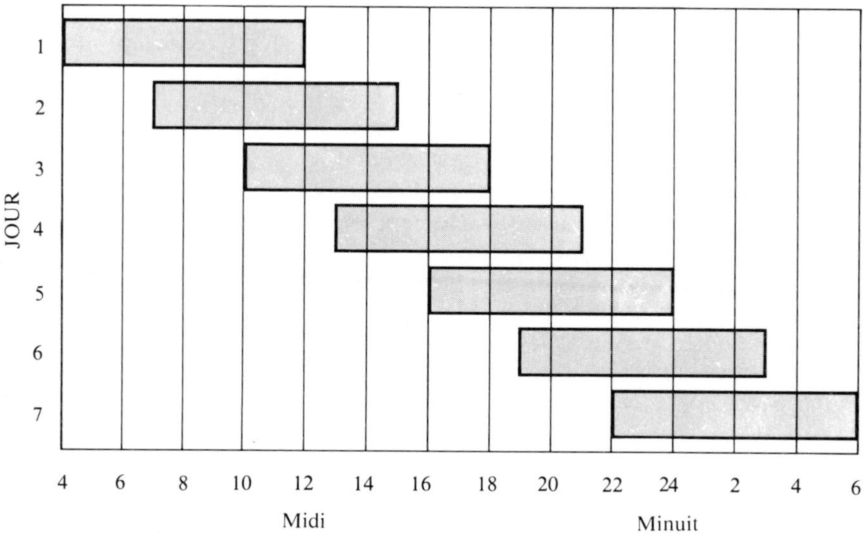

Figure 7.1 - Chronothérapie : comment Dan a pu remettre à l'heure son horloge interne.

plus tard chaque jour. Après un certain temps, on arrive inévitablement à ce que Dan se couche tôt le soir.

Pendant une semaine, l'horloge interne de Dan a été réglée sur un jour de 27 heures. A la fin de ce traitement, il se couchait à dix heures du soir et se levait à dix heures du matin. De retour chez lui, dès la première nuit, sa famille, sceptique sur l'efficacité de cette cure, a réglé plusieurs réveille-matin sur six heures. Quand ils ont sonné, ses parents et ses frères se sont précipités dans sa chambre pour le réveiller. A leur grande surprise, il était déjà debout, bien réveillé, en train de préparer son petit déjeuner dans la cuisine. Depuis plusieurs années maintenant, Dan dort parfaitement normalement. Il ne se plaint plus que d'une chose : ne pas avoir de petite amie !

Nous faisons maintenant plus attention aux effets de l'insomnie sur la vie sociale. En effet, par exemple, une psychologue ayant bénéficié avec succès d'une chronothérapie, a finalement avoué préférer sa vie nocturne d'avant et les activités sociales qui y étaient liées. Elle s'est donc réajustée sur son ancien horaire de sommeil. L'auteur dramatique hongrois Ferenc Molnar, vivait lui quasi exclusivement la nuit et ne voyait la lumière du jour que lorsqu'on le traînait au tribunal. Surpris par le nombre de passants dans les rues de Budapest, il avait l'habitude de demander : « Sont-ils tous témoins ? »

L'électrothérapie

Cette technique tente de reproduire l'activité cérébrale qui conduit au sommeil en générant, à l'aide d'un oscillateur, de petites impulsions électriques. Largement développée en Union soviétique dans les années 1960, elle a des résultats positifs sur un grand nombre de patients. Au cours d'un récent voyage d'étude en Union soviétique, que j'ai eu le privilège d'organiser, un médecin soviétique, spécialiste du sommeil, le Docteur Bull (son nom a été changé pour protéger son identité), officiel du parti communiste, nous a affirmé que l'insomnie est un problème beaucoup plus important aux États-Unis à cause du stress inhérent au capitalisme. Il prétend que l'électrothérapie en est le meilleur traitement mais que l'industrie pharmaceutique américaine s'est emparée de tout le marché pour mieux vendre ses médicaments.

Après cette conversation, nous avons visité un sanatorium à Sochi, sur les bords de la mer Noire, et nous avons demandé à assister à une séance d'électrothérapie. L'un de nous s'est porté volontaire. A l'évidence, les équipements n'avaient pas servi depuis longtemps et le personnel ne savait pas s'en servir. L'expérience s'est soldée par un échec et le directeur du centre, embarrassé et en colère contre tout son personnel, a accéléré la visite. Plus tard au cours de ce voyage, un vrai spécialiste du sommeil nous a assuré qu'à la suite d'expériences soigneusement contrôlées, l'électrothérapie s'était révélée inefficace. Depuis, cette technique n'est plus guère employée que dans de rares services de provinces reculées. En réalité, plusieurs services spécialisés en Union soviétique utilisent les méthodes modernes de diagnostic et de traitement comme la chronothérapie pour l'insomnie et la chirurgie pour l'apnée nocturne. La revue scientifique *Sleep* (sommeil) publiée par Stanford est largement lue par les spécialistes du sommeil en Union soviétique.

Les somnifères

La biochimie du sommeil — ce qui se passe dans le cerveau lors de la transition entre éveil et sommeil — n'est pas encore comprise ; il n'est donc pas étonnant que le mode d'action des somnifères reste obscur. Lors d'un congrès au National Institutes of Health à Washington en 1982, on a demandé à l'un des plus grands experts en psychopharmacologie : « Comment fonctionnent les somnifères ? » J'ai été très surpris de l'entendre répondre : « Je ne sais pas. » Et comme il n'y a pas de théories bien établies pour expliquer le processus du sommeil, la majorité des somnifères n'ont pas été conçus comme tels au départ. La plupart des hypnotiques dérivent de substances dont les effets sédatifs — responsables d'une baisse générale de l'éveil — ont été accidentellement découverts.

L'efficacité et l'absence de toxicité d'un grand nombre de somnifères ont été étudiées de près en laboratoire du sommeil. Conclusion : la plupart des somnifères réduisent le temps de latence avant le sommeil (le temps d'endormissement après extinction des lumières), le nombre de réveils nocturnes et augmentent la durée totale du sommeil. Ces mêmes sédatifs perdent leur efficacité après deux à quatre semaines. Dès lors, les paramètres objectifs du sommeil retrouvent leur valeur initiale (avant le début du traitement). A mesure qu'un hypnotique perd de son efficacité, le patient augmente souvent les doses. Mais, bien que beaucoup de somnifères diminuent le sommeil lent et/ou le sommeil paradoxal, ils n'ont aucun effet néfaste sur la santé.

L'arrêt brutal d'un traitement sédatif après une longue période d'utilisation provoque un retour de l'insomnie. Le cerveau s'habitue et un arrêt brutal peut entraîner une nuit blanche. Malheureusement, le malade en conclut qu'il ne peut plus dormir sans médicaments et continue donc à prendre ses somnifères. Il faut en fait diminuer très progressivement les doses et introduire à la place des techniques d'hygiène du sommeil. Les somnifères sont en général efficaces en cas d'insomnie passagère. Ils sont également utiles en complément de règles d'hygiène du sommeil. Dans l'insomnie chronique, les traitements non médicamenteux sont plus efficaces. Ce principe commence à se diffuser chez les médecins et dans l'opinion publique et l'usage des somnifères est moins systématique.

Facteurs annexes

L'environnement

Tout le monde le sait : on dort moins bien dans un environnement inhabituel. C'est d'ailleurs la raison pour laquelle, dans un laboratoire de recherche sur le sommeil, on ne prend pas en compte les résultats obtenus à l'issue de la première nuit. La difficulté à s'adapter immédiatement au laboratoire — ce qu'on appelle l'effet de la première nuit — provoque généralement un sommeil de mauvaise qualité avec des réveils fréquents. Après cette première nuit, la majorité des sujets sont habitués à ce nouvel environnement et retrouvent leur façon de dormir habituelle.

Les insomniaques amplifient l'importance de l'environnement. Beaucoup redoutent une aggravation de leurs troubles s'ils sont loin de chez eux — cette peur les incite souvent à ne pas partir en vacances. Les insomniaques ont tendance à rejeter la responsabilité de leur problème sur le conjoint, les bruits, la lumière, la température de la chambre, le temps, la qualité du matelas, l'alimentation, etc. S'agit-ils de simples prétextes ? C'est ce que nous allons voir.

L'exercice

Si la fonction du sommeil consiste à récupérer physiquement, on peut imaginer qu'un apport supplémentaire d'exercice s'accompagne d'un sommeil plus profond. Or il n'en est rien : ceux qui essaient d'appliquer ce principe n'améliorent pas leur sommeil la nuit suivante. En fait, un exercice physique excessif chez un sédentaire tend à augmenter l'éveil physiologique et donc à perturber le sommeil, a fortiori peu de temps avant le coucher.

J'ai redécouvert cette vérité au cours d'un bref voyage dans le Colorado. Je n'étais pas en grande forme mais j'ai néanmoins fait six heures de ski dès mon arrivée. La nuit suivante, j'étais courbaturé et épuisé. Incapable de me détendre, j'ai passé une mauvaise nuit.

Si l'on pratique régulièrement un sport, il en va différement. Les athlètes par exemple, ont davantage de sommeil profond (stade 3-4) que les sédentaires. Mais ils en ont moins s'ils arrêtent leur entraînement. Cependant, pour l'individu moyen, trop ou trop peu d'exercice ne joue vraisemblablement pas un rôle déterminant dans l'insomnie. Pour favoriser le sommeil, l'activité physique doit être régulière et avoir lieu en fin d'après-midi ou en début de soirée.

Le bruit

En ce qui concerne le bruit, les insomniaques ont raison de penser qu'il peut perturber le sommeil. Il est probable qu'un mauvais dormeur sera réveillé plus facilement par un bruit qu'un bon dormeur. Leur température corporelle et leurs rythmes respiratoire et cardiaque sont plus importants que chez les gens qui dorment profondément. Ces caractéristiques sont soit innées, soit le résultat de soucis permanents et d'une incapacité à se détendre.

Les perturbations dues à un bruit dépendent de sa nature, de sa durée et du moment où il a lieu. Une mère peut dormir profondément pendant un orage et se réveiller rapidement aux cris de son enfant. Un dormeur est réveillé d'autant plus facilement par un bruit qu'il est en stade 1 ou 2 de son sommeil. Les personnes âgées, chez qui le stade 3-4 est réduit, sont plus sensibles au bruit. Pendant le S.P., un bruit, lorsqu'il n'est pas incorporé à un rêve, provoque un réveil rapide. Des bruits continus, comme la radio ou la télévision, perturbent davantage le sommeil que des bruits plus brefs mais plus forts, comme une sirène de pompier par exemple.

Un bruit, même s'il ne réveille pas le dormeur, peut néanmoins affecter la qualité de son sommeil et donc sa forme physique le lendemain. Les enregistrements polysomnographiques de personnes habitant près de l'aéroport de Los Angeles montrent un sommeil plus léger et moins de sommeil lent que chez les personnes habitant dans un endroit calme de la ville. Les perturbations de leur sommeil sont directement liées au passage des avions.

Nous pouvons donc conclure qu'il existe un lien probable entre bruit et insomnie. Il se peut que certains individus soient génétiquement programmés pour avoir le sommeil léger et être plus sensibles au bruit. Mais un bruit prolongé dérange aussi celui qui dort profondément. Des protections, comme les « boules Quiès », peuvent supprimer efficacement la perception des bruits de la circulation et augmenter donc le sommeil lent. La stratégie du « bruit blanc » (l'usage de bruits continus de type air conditionné ou ventilateur) ne semble pas pouvoir neutraliser les perturbations sonores.

L'alimentation

« Si je mange un gros repas chaud et nourrissant juste avant de me coucher, vais-je dormir mieux ? » Cette question, issue de la théorie d'Aristote selon laquelle la digestion et l'évaporation interne provoque le sommeil, m'est récemment venue à l'esprit au cours d'un séminaire. La réponse est non. Curieusement, l'alimentation n'a que peu d'effets sur le sommeil. Il n'y a pas de nourriture particulière capable de faciliter le sommeil. En revanche, un gain ou une perte de poids excessif peut modifier la qualité du sommeil. En général, un amaigrissement s'accompagne d'une réduction de sommeil et une prise de poids d'une augmentation de sommeil. Selon certains chercheurs, un régime équilibré favorise un sommeil profond à l'opposé d'un régime riche en hydrates de carbones et pauvre en graisses. D'autres pensent que l'acide aminé L-Tryptophane que l'on retrouve dans le lait, favorise l'endormissement. Cette substance pourrait être sédative ; et puis, il est facile d'attribuer des vertus relaxantes au lait, breuvage chargé de sens symbolique. Tout dépend aussi de la nature du lait. Il a été montré que le lait enrichi en malt Horlicks, pris peu de temps avant le coucher, favorise le sommeil.

Pour ma part, je conseille aux insomniaques d'éviter les plats pimentés et la caféine (café, thé, chocolat, coca-cola), avant de se coucher et surtout de ne pas se soucier d'un régime alimentaire particulier. Alexandre Dumas souffrait parfois d'insomnie. Son médecin lui prescrivit de manger chaque matin à 7 heures une pomme sous l'Arc de Triomphe. Ce fut un succès. Il est peu vraisemblable que la pomme ait joué un rôle déterminant. C'est plutôt la régularité de l'horaire, en accord avec l'alternance du jour et de la nuit — et le fait de croire à sa guérison — qui expliquent cette réussite.

Le lit et le conjoint

En 1893, une publicité pour des lits jumeaux annonçait : « Maintenant, nos cousins anglais dorment dans des lits séparés. La raison ? Ne jamais respirer l'haleine de l'autre ». Près de 100 ans plus tard, la plupart des couples américains partagent toujours le même lit. Certains affirment ne pouvoir dormir sans l'autre. Une étude en laboratoire sur des couples mariés depuis 1 à 3 ans, confirme ces dires. Séparés, leur sommeil est plus léger et plus souvent perturbé. En revanche, les insomniaques dorment souvent mieux lorsqu'ils sont seuls. Ronflements, mouvements de jambes etc., peuvent déranger jusqu'à provoquer une insomnie chez le partenaire. Celui qui dort peut ne pas aimer consoler l'anxiété de l'autre ; à l'inverse, l'insomniaque peut être irrité par le sommeil paisible de son conjoint même si toute la famille partage le même style de vie stressant. Dans ces deux cas, il est mieux de séparer les lits et les chambres. Le confort du lit est davantage une question de référence culturelle ou de choix personnel qu'une notion objective. Dormir sur le sol, dans un hamac, en apesanteur, sur un lit d'eau ou en position verticale ne change pas grand-chose pour qui en a l'habitude. Mais une surface particulièrement dure comme un plancher ou un sol de béton (expérience qui m'est arrivé récemment à l'aéroport de Seattle bloqué par la neige) perturbe le sommeil et l'entrecoupe de réveils successifs. Il ne semble pas de les gadgets réputés pour améliorer le sommeil — lit vibrant, couverture électrique, etc. — soient réellement efficaces. Puisque le sommeil fait partie d'un rythme biologique interne, il est normal que l'environnement extérieur joue un rôle relativement mineur.

Lumière et obscurité

De récentes découvertes confirment les dires des insomniaques qui disent être gênés par la lumière pour dormir. Chez les rongeurs et chez les organismes inférieurs, un éclair lumineux de quelques secondes peut déclencher le réveil. Chez un certain nombre d'espèces et notamment chez l'homme, il existe une connexion nerveuse directe depuis la rétine jusqu'à une région proche de l'horloge biologique du cerveau dans l'hypothalamus. Dans les régions arctiques où le jour et la nuit durent très longtemps, le cycle veille/sommeil est généralement perturbé chez les gens qui n'y sont pas habitués. Ce domaine de recherche est peu exploré mais nous savons aujourd'hui qu'un insomniaque a intérêt à supprimer toute source de lumière dans sa chambre : mettre des volets aux fenêtres, ne pas utiliser de réveils lumineux et éviter d'allumer une lumière dans la nuit. S'il se lève la nuit, il doit utiliser une lampe rouge car cette longueur d'onde n'affecte pas l'horloge biologique. Au réveil le matin, il doit allumer les lumières ou, mieux encore, se débrouiller pour avoir de la lumière solaire directe. L'un de mes patients, un imprimeur qui travaillait régulièrement de 16 h à minuit, a été guéri de son réveil excessivement matinal par un simple assombrissement de sa chambre.

Le temps, la température et l'altitude

Certains Californiens prétendent ne pas dormir lorsque se lève le vent sec de Santa Anna ou à l'approche d'une perturbation atmosphérique. Des études indiquent que de grandes variations de la pression barométrique peuvent modifier l'endormissement. Cependant, je ne recommanderais pas de rester debout toute une nuit pour évaluer l'impact du temps sur le sommeil. Les effets du climat sur le sommeil sont plutôt réduits.

Si la température de votre chambre est supérieure à 24°C, vous pourrez avoir du mal à dormir. Votre sommeil sera plus léger et vous vous réveillerez plus souvent dans la nuit. A 38°C personne ne dort bien. A l'inverse, il n'a pas été démontré qu'une température fraîche (autour de 15°C) favorise le sommeil. En altitude, le manque d'oxygène perturbe souvent le sommeil car, lorsque le cerveau perçoit le manque d'oxygène la nuit, le nombre de réveils nocturnes augmente. Mais après plusieurs nuits d'adaptation, le sommeil redevient normal.

Conseils pratiques pour améliorer le sommeil d'un insomniaque

« Tôt coucher, tôt lever rend l'homme sain, prospère et sage », adage de Benjamin Franklin pour dire qu'être matinal est une vraie richesse. Avant l'électricité, c'était peut-être vrai. Mais à présent, la plupart des patients et des médecins pensent que l'horaire du coucher ou du lever importe peu, pourvu que les horaires de sommeil soient réguliers. Il est avant tout fondamental de maintenir des horaires de sommeil réguliers 7 jours sur 7 pour préserver l'équilibre de nos rythmes circadiens. L'insomniaque devrait commencer par un horaire réduit à 4 ou 5 h de sommeil. S'il réussit à dormir 90 % du temps soit 4 h 30 sur 5 h, il peut augmenter son temps de sommeil de 30 à 60 minutes.

Sélectionnez donc un horaire de sommeil rigide qui recouvre votre temps de sommeil habituel. Si votre journal de bord montre que vous ne dormez que 4 h effectives — ce qui exclut le temps passé au lit sans dormir — commencez par ne vous coucher que pour 4 h de sommeil.

1. Coucher à 1 h du matin, lever à 5 heures (mettre votre réveille-matin)

2. La chambre doit être complètement obscure pendant le temps de sommeil. Au lever, allumez les lumières et ouvrez les volets en grand.

3. Si vous restez éveillé mais détendu pendant la période de sommeil, restez au lit.

4. Si vous êtes éveillé et anxieux pendant la période de sommeil, faites un peu de relaxation au lit. Si l'anxiété persiste, ne restez pas au lit.

5. Hors du lit, occupez-vous des tâches domestiques (lessive, balayage, règlement des factures, etc.). Si vous avez sommeil, retournez au lit. Quelle que soit l'heure à laquelle vous vous recouchez, levez-vous toujours à 5 heures.

6. Évitez l'alcool, la caféine et les cigarettes dans les 5 h précédant le coucher. Si possible, éliminez complètement ces substances. Les habitués des somnifères devraient supprimer une dose thérapeutique tous les 4 ou 5 jours.
7. Évitez l'exercice physique deux heures avant le coucher. L'exercice en fin d'après-midi peut dans certains cas favoriser le sommeil, mais ce n'est pas un facteur déterminant. Les repas non plus. Évitez simplement les piments au dîner.
8. Si vous pensez à vos problèmes avant le coucher ou au lit, faites en un journal. Gardez-vous vingt minutes après le dîner pour faire le tour de tous vos soucis. Prenez-en note par écrit et proposez des solutions à court ou à long terme.
9. Après deux nuits consécutives de mauvais sommeil, selon votre journal de bord, prenez un somnifère trente minutes avant le coucher (la 3e nuit). Préférez les médicaments à courte durée d'action. Chez les patients très anxieux, même pendant la journée, des substances d'action prolongée sont plus indiquées. Ceux qui veulent éviter les somnifères peuvent prendre du L-Triptophane.
10. Évitez les siestes.

Il n'est certes pas facile de suivre ces recommandations, mais chez la plupart des patients, ce traitement est efficace en 3 à 5 semaines. Le plus dur est sans doute de respecter l'horaire de sommeil. Lorsque le sommeil s'améliore, on peut en prolonger progressivement la durée. Il est impératif de tenir un journal de bord de son sommeil. C'est un acte curatif en soi. Chez les fumeurs, l'obligation de tenir un journal de bord s'accompagne souvent d'une réduction du tabagisme. Le respect de ces règles peut aussi présenter d'autres avantages : un de mes amis dont la femme a essayé cette technique m'a appelé pour me dire « maintenant, toute notre lessive est faite ! » Et quelques semaines plus tard son insomnie avait régressé. Ceux pour qui ces règles d'hygiène du sommeil ne suffisent pas souffrent certainement d'un autre trouble sous-jacent, psychiatrique ou physiologique.

Les questions clefs du diagnostic de l'insomnie

Quelques questions simples peuvent aider à préciser la cause d'une insomnie :
1. Depuis combien de temps avez-vous des problèmes de sommeil ? Si cela fait moins de trois semaines, ne vous tourmentez pas.
2. Êtes-vous déprimé ? Si oui, votre problème de sommeil ne pour-

rait être qu'un symptôme d'un trouble de l'humeur nécessitant un avis psychiatrique.
3. Êtes-vous anxieux à l'idée d'aller vous coucher ? Si oui, appliquez les techniques d'hygiène du sommeil exposées précédement.
4. Êtes-vous un gros ronfleur ? Vous arrive-t-il de faire des pauses respiratoires la nuit ? Consultez un spécialiste.
5. Avez-vous des mouvements involontaires des jambes ou des fourmis pendant la nuit ? Si oui, consultez un spécialiste.
6. Consommez-vous de l'alcool, des somnifères ou d'autres sédatifs avant le coucher ? Si oui, ces substances elles-mêmes peuvent être la cause de votre problème. Essayez de suivre les techniques d'hygiène du sommeil si possible sous la surveillance de votre médecin.
7. Avez-vous des horaires de sommeil réguliers et conventionnels ? Si non, vous tenez peut-être là la cause de votre insomnie. Essayez de dormir aux mêmes heures 7 jours sur 7.

L'insomnie n'est pas un problème exclusivement nocturne ; elle affecte notre quotidien 24 heures sur 24. Ce n'est qu'en 1978 qu'a été développée une méthode d'évaluation des effets des somnifères sur les performances de la journée. Nos nuits influencent nos jours, notre sommeil agit sur nos capacités. Les utilisateurs de somnifères doivent donc se soucier non seulement de leur sommeil mais aussi de leur bonne forme au travail. Dans le chapitre suivant, nous explorons cette autre facette du problème : être en forme, bien réveillé pendant la journée.

CHAPITRE 8

DU SOMMEIL PROFOND AU PLEIN ÉVEIL

Au premier coup d'œil, la salle d'attente d'un service de médecine du sommeil ressemble à s'y méprendre à une salle d'attente ordinaire. La moitié des patients sont nerveux, feuillettent des magazines et attendent impatiemment leur tour. Mais l'autre moitié somnolent ou même ronflent, écroulés sur leur siège. Ce sont des hypersomniaques. La somnolence excessive (hypersomnie) se rencontre rarement — 1 à 4 % de la population — mais elle constitue quand même 50 % de la clientèle d'un service de médecine du sommeil. D'ailleurs, en 1982, un groupe de presse a publié un feuilleton sur ce thème : « Une nation de têtes endormies ».

Qui sont ces personnes sans cesse fatiguées ? Pourquoi se précipitent-elles à une consultation de médecine du sommeil à l'inverse des insomniaques, bien plus nombreux ? Sont-ils hypersomniaques le jour parce qu'ils sont insomniaques la nuit ? C'est avec toutes ces questions en tête que je me dirige vers la salle d'attente, jette un coup d'œil à mon calepin et appelle un monsieur Marcus. Une femme d'une trentaine d'années, plutôt jolie, donne un coup de coude dans l'estomac d'un homme au léger embonpoint et le réveille. Me voilà devant M. et Mme Marcus. Contrairement à certains patients que nous devons réveiller de la sorte, M. Marcus se lève sans difficultés, me serre la main, bien réveillé, sans donner la moindre impression de quelqu'un qui ronflait il y a deux minutes à peine.

Dans mon bureau, Mme Marcus explique : « ça fait des années que je lui dis d'aller voir un docteur. Il s'endort dès qu'il commence à lire son journal après le travail. Ensuite, il fait une sieste après le dîner. Il s'endort devant la télé. Parfois, il s'endort même lorsqu'il y a des gens et lorsque je le réveille, il affirme ne pas s'être endormi ». Habitué à ce genre d'histoire, je suis curieux de savoir ce qui a amené ce patient chez moi.

« Eh bien, j'ai toujours aimé faire la sieste et, jusqu'au mois dernier, je n'ai jamais pu comprendre pourquoi ma femme voulait m'envoyer chez le médecin », raconte M. Marcus. « J'ai toujours été un fan de l'équipe des San Francisco Forty-Niner et je n'ai jamais manqué aucun de leur match. Mais le mois dernier, j'ai raté le match le plus important du championnat : je me suis endormi à la seconde mi-temps. J'ai alors compris que j'étais incapable de maîtriser mes coups de pompe. Donc, me voilà. »

Il semble effectivement extraordinaire qu'une personne s'endorme lors d'une grande occasion. Pour les spécialistes du sommeil, il s'agit d'une « somnolence pathologique ». Mais qu'en est-il de la somnolence au volant, au travail ou pendant une conférence ou un spectacle ennuyeux ? En clair, qu'est-ce qu'un éveil optimal ? Est-ce se sentir plein d'énergie toute la journée ou juste quelques heures après la pause café ?

Difficile, dans notre domaine, de distinguer les patients qui ont excessivement sommeil des autres. Dans les années 1960 ou 1970, par exemple, il était fréquent d'entendre des gens se plaindre d'avoir sans arrêt sommeil pour obtenir des ordonnances d'amphétamines. En Californie, la somnolence pathologique est une maladie qui doit être déclarée au département des véhicules à moteur. Elle peut, dans certains cas, entraîner un retrait de permis de conduire. Cela montre à quel point notre responsabilité est engagée tant pour protéger le patient et la société que pour nous éviter d'éventuelles poursuites judiciaires. Plus important encore, un sommeil excessif peut être une maladie débilitante. Imaginez quelle serait votre vie si vous vous sentiez toute la journée comme à 3 heures du matin !

Au début des années 1970, les chercheurs de Stanford, sous la direction du Dr William Dement, ont tenté de mettre au point une technique de mesure efficace de l'éveil et de la somnolence. L'approche la plus simple consiste à demander au patient comment il se sent ; elle n'a pas apporté grand-chose. Par définition, la somnolence endort les sens et diminue la faculté à analyser avec précision ses propres sensations. M. Marcus, par exemple, a nié, pendant des années, souffrir de somnolence pathologique. Si vous êtes habitué à avoir tout le temps sommeil, vous ne pourrez sans doute pas faire la différence entre cet état et un véritable état d'éveil.

Il a ensuite été décidé d'établir un questionnaire : l'échelle de somnolence de Stanford. Les patients devaient cocher à intervalle de temps régulier, sur une échelle de 1 à 7, leur niveau d'éveil. Mais cette méthode reste une mesure qui fait appel à la subjectivité du sujet. Elle présente donc le même type d'inconvénients que le questionnaire direct. Des patients ensommeillés continuent de se considérer comme vifs alors, qu'à l'évidence, ils sont apathiques.

Restait aussi la possibilité de faire un E.E.G. de 24 heures pour compter le nombre d'endormissements du sujet. Efficace au niveau expérimental, cette technique s'est avérée trop complexe et trop coûteuse pour devenir un examen de routine. Le Dr Dement et le Dr Mary Carskadon ont donc envisagé une méthode plus pratique. Plus un patient a sommeil, plus vite il est censé s'endormir pourvu qu'on lui donne un lit, une chambre calme et obscure. En 1978, le Dr Gary Richardson s'est joint à l'équipe et, ensemble, ils ont publié le premier article sur l'application de ce postulat sur la pratique clinique. Il s'agit du M.S.L.T. (Multiple Sleep Latency Test).

Ce test est simple : le sujet vient au laboratoire pendant la journée, on lui place un minimum d'électrodes sur le visage et le crâne de façon à déterminer avec précision le passage de l'éveil au sommeil. Le début du sommeil est sans ambiguïté lorsqu'il est suivi par un enregistrement électrophysiologique. Le sujet est placé dans une chambre sombre et calme à dix heures du matin. On lui demande alors de se coucher et d'essayer de s'endormir. Le test consiste à mesurer le temps d'endormissement du sujet. Il est noté sur 20. La note correspond au nombre de minutes qu'il a fallu pour que le sujet s'endorme. S'il ne s'endort pas en 20 minutes, la note est de 20. S'il s'endort en 4 minutes, le test s'arrête là et il est noté 4. Ce test est répété toutes les deux heures, jusqu'à 18 h en général. Le M.S.L.T. est aujourd'hui le test de référence pour une mesure scientifique et précise de l'éveil.

Narcolepsie

Les patients souffrant de narcolepsie ont, les premiers, bénéficié de l'application clinique du M.S.L.T. La narcolepsie est un trouble du sommeil rare qui se caractérise par des épisodes de somnolence irrésistible, incontrôlée et excessive, de comportements automatiques (illustrée au chapitre 1 par l'exemple du pilotage automatique), et de catalepsie (paralysie musculaire épisodique déclenchée par des émotions).

C'est Charles Dickens dans « The Posthumous Papers Of The Pickwick Club » qui donne l'une des première description correcte d'une forme de narcolepsie : celle du « jeune Dropsy », un gros garçon rougeaud et somnolent. D'ailleurs, à un certain stade, ce syndrome s'appelle aussi : « le syndrome pickwickien ».

« On frappa violemment à la porte. Ce n'était pas un toc-toc

« Le gros garçon »

ordinaire, mais une succession constante et ininterrompue de coups bruyants comme si le visiteur était sous le coup d'une agitation sans fin ou avait tout simplement oublié de s'arrêter.

M. Lowten s'empressa d'ouvrir (...) L'employé fut étonné de voir un garçon — un magnifique gros garçon (...) planté sur le paillasson, les yeux fermés comme s'il dormait. Il n'avait jamais vu un aussi gros garçon, même dans une roulotte de forains ; et l'apparence si calme et tranquille du garçon, si incongrue après les coups martelés à la porte, le laissèrent songeur.

"Qu'est-ce que c'est ?", demanda l'employé. L'incroyable garçon ne dit pas un mot ; mais il hocha la tête et il sembla à l'employé qu'il ronflait légèrement. "D'où viens-tu ?", demanda l'employé. Le garçon ne fit pas un geste. Il respirait lourdement mais rien d'autre ne bougeait dans son corps.

L'employé répéta la question une troisième fois et n'obtenant toujours pas de réponse, se préparait à fermer la porte quand soudain le garçon ouvrit les yeux, éternua et après quelques battements de paupières, leva la main comme pour frapper de nouveau. Voyant la porte ouverte, il regarda autour de lui avec étonnement pour fixer enfin ses yeux sur la personne de M. Lowten.

"Pourquoi diable frappes-tu comme cela à la porte ?", demanda l'employé en colère. "De quelle façon ?", dit le garçon d'une voix lente et ensommeillée.

"Comme quarante cochers, voyons", répliqua l'employé.

"Parce que le maître a dit que je ne devais pas m'arrêter de frapper à la porte jusqu'à ce qu'on m'ouvre, de crainte de m'endormir", dit le garçon. »[21]

Les patients narcoleptiques dorment de 8 à 12 h par jour mais surtout s'endorment dans les circonstances les plus bizarres. Le cas le plus extraordinaire que j'ai rencontré est celui d'un trappeur de 60 ans qui avait quitté la Californie à 20 ans pour l'Alaska. Doué d'une grande intelligence, il a abandonné ses études supérieures faute de pouvoir rester éveillé pendant les cours ou dans d'autres circonstances. Trappeur, il chassait essentiellement l'élan. Comme beaucoup de patients narcoleptiques, il tombait souvent en catalepsie au moment crucial. A peine avait-il l'élan en joue et s'apprêtait-il à appuyer sur la détente, qu'il s'effondrait dans un état de sommeil cataleptique. Effrayé par le bruit de la chute, l'animal reprenait la fuite. Mais parfois, il s'approchait, curieux. Notre homme reprenait connaissance alors que l'élan se tenait juste au-dessus de lui. Il n'avait plus qu'à saisir son fusil pour le tuer. Après plusieurs aventures semblables, le trappeur s'est mis à prétendre utiliser cette technique sciemment.

Ce même trappeur, qui vivait seul l'hiver dans une petite cabane isolée, raconte qu'il lui arrivait de s'endormir devant son fourneau. Au dernier moment, il réussissait à mettre la main devant lui et se réveillait en touchant la tôle brulante.

D'autres ont eu aussi des histoires curieuses. Un de mes patients chargé de la maintenance du matériel d'un grand hôpital (tout le monde faisait appel à lui pour réparer un équipement de transplantation cœur-poumons ou les lits de l'hôpital) s'est un jour endormi en réparant un lit cassé. Au réveil, il avait soudé tous ses outils au montant du lit. Il y a aussi ce fermier de Nouvelle Angleterre venu me consulter après avoir labouré son champ en rond dans son sommeil.

La narcolepsie s'accompagne d'une foule de symptômes plus ou moins étranges : faire 100 km de plus pour avoir, sans s'en rendre compte, raté la sortie de l'autoroute ; avoir, à un feux rouge, l'impression que les voitures d'en face sont prêtes à attaquer ; s'effondrer au moment où l'on s'apprête à donner la fessée à son enfant ; s'endormir en mangeant — et même en portant sa fourchette à sa bouche — ou au milieu d'une conversation. Pas étonnant que les gens souffrant de ces symptômes aient le sentiment d'être des malades mentaux et que leur médecin les envoie directement chez le psychiatre. Fort heureusement, les efforts de l'Association Américaine de la Narcolepsie et d'un grand nombre de services de médecine du sommeil ont contribué à une large sensibilisation de l'opinion publique à cette maladie. Aujourd'hui, devant de tels symptômes, on pense d'abord à la narcolepsie.

On ne peut réellement parler de narcolepsie que devant les résultats du M.S.L.T. Quand on demande au patient de faire une sieste, il s'endort en deux ou trois minutes maximum. De plus, il plonge directement en sommeil paradoxal (S.P.). Comme nous l'avons dit au chapitre 5, la première période de S.P. a lieu normalement 90 minutes après le début du sommeil. On peut donc considérer la narcolepsie comme une incapacité à inhiber le S.P. et les mouvements musculaires qui l'accompagnent. La nuit, pendant le S.P., on observe normalement une inhibition des réflexes (paralysie et perte du contrôle musculaire) et l'apparition de rêves (hallucinations). Dans la narcolepsie, le S.P. fait irruption dans l'éveil et le patient se met donc brutalement à vivre son S.P.

Il n'existe pas de traitement réellement efficace pour la narcolepsie. Améliorer ou rallonger le sommeil nocturne n'aide pas les malades à être mieux éveillés pendant la journée. En général, on prescrit des stimulants. Mais leur efficacité dépend des cas et de la gravité des symptômes. La catalepsie — perte du contrôle musculaire liée à l'expression de certaines émotions, en particulier la colère et la joie — peut être traitée par certains médicaments. Cependant, beaucoup de malades apprennent à contrôler leurs émotions pour éviter les crises. Il n'est donc pas rare d'observer chez ces patients une certaine froideur et une tendance à éviter les situations très chargées sur le plan émotionnel. La narcolepsie est une maladie génétique vraisemblablement due à un déséquilibre de sécrétions d'un ou de plusieurs neurotransmetteurs (hormone du cerveau) responsables du contrôle du S.P. Des troubles du système immunitaire pourraient également être en cause. La maladie se déclare habituellement à la puberté et dure toute la vie sans grande évolution. Maladie rare, on l'observe chez moins d'un individu pour mille. Sa transmission est plus faible que celles de la schizophrénie, l'asthme ou le bec de lièvre mais est équivalente à celle des maladies coronariennes. Les enfants de malades n'ont que 5 % de risque de développer une narcolepsie ou une somnolence excessive.

Les animaux souffrent aussi de narcolepsie. Le programme de recherche sur le sommeil de Stanford, qui vise à comprendre la maladie et à trouver des traitements plus efficaces, a travaillé sur une lignée de chiens atteints de narcolepsie. Avec ces chiens, au lieu d'utiliser le M.S.L.T. pour établir le diagnostic, on se sert d'un test de performances. Le long d'un parcours de plusieurs dizaines de mètres, on dispose de loin en loin des morceaux de viande. On y lâche ensuite les chiens pour regarder en combien de temps ils mangent la viande. Un chien normal avale tous les morceaux en quelques secondes. Mais atteint de narcolepsie, il s'endort ou tombe en crise de catalepsie sur le parcours et met parfois une demi-heure pour arriver au bout.

Apnée nocturne

Autre grande cause de somnolence diurne excessive : l'apnée nocturne (du latin « absence de respiration »). Je rappelle cette définition parce que, au cours d'une visite de laboratoire, après une demi-heure d'explication sur l'équipement employé pour étudier cette maladie, un des visiteurs, tous représentants des Nations-Unies, a finalement demandé : « L'apnée, qu'est-ce que c'est ? »

L'apnée nocturne se rattache à plusieurs syndromes et se caractérise par un arrêt ou une diminution significative de la respiration pendant le sommeil. Dans le cas le plus classique, le patient s'endort rapidement dès que les lumières sont éteintes. Ensuite, il y a une pause respiratoire pendant 30 à 60 secondes. Souvent, les muscles respiratoires du diaphragme et de l'abdomen font un effort d'intensité croissante pour expulser l'air. Mais la trachée est partiellement obstruée ; l'effort est donc comparable à celui d'un musicien soufflant dans une trompette à moitié bouchée. Il s'ensuit des grognements, des reniflements, des halètements et des ronflements pénibles. Le cœur ralentit et dans les cas sévères peut s'arrêter quelques battements. Des récepteurs cérébraux, sensibles à la baisse d'oxygénation, alertent le dormeur pour le réveiller.

Le malade non averti se réveille cinq ou dix secondes, inspire profondément, se tourne et se rendort pour commencer un nouveau cycle d'apnée.

Ces apnées cycliques se répètent souvent quatre à cinq cents fois par nuit. Le plus souvent, les victimes d'apnée nocturne ne se rendent absolument pas compte qu'elles s'arrêtent de respirer ou qu'elles se réveillent sans cesse. Le lendemain, elles ne se souviennent nullement de leurs brefs réveils successifs. En revanche, elles se plaignent d'avoir sommeil pendant la journée. Le conjoint se plaint souvent de ronflements bruyants. En fait, il est typique de voir des femmes qui, comme Mme Marcus, amènent leur mari d'âge moyen chez le médecin. L'un de mes patients raconte que lorsqu'il était à l'armée et dormait dans les barraquements, il se réveillait fréquemment entouré d'une floppée de casques. Car, tout au long de la nuit, ses camarades lui jetaient leurs casques pour l'empêcher de ronfler. (Parfois, un bon lancer le faisait changer de position et arrêter de ronfler un moment.) Évidemment, il ne se rendait compte de rien. Plus tard, en voyage d'affaires, il devait souvent prendre les chambres d'hôtel voisines de la sienne pour éviter que l'on ne se plaigne de ses ronflements bruyants. L'apnée nocturne est une cause de morbidité et de mort subite. Il est intéressant de se demander pourquoi cette maladie était peu connue avant 1965. Peut-être parce que historiquement le sommeil était considéré comme un état d'inactivité de l'organisme pendant lequel toutes les fonctions physiologiques sont réduites. Pour la plupart des chercheurs, étudier la respiration pendant le sommeil ne devait présenter aucun intérêt. Personne n'aurait voulu passer une nuit à observer la respiration d'un sujet. En fait, il suffit de mettre un miroir devant la bouche du malade pour voir, par la condensation, s'il respire ou non. Et puis, le fameux adage cher aux médecins « ça passera avec une bonne nuit de sommeil » n'arrangeait pas les choses. Il reflète d'ailleurs le concept d'Aristote selon lequel le sommeil est un processus de respiration dû à la production et à l'excrétion d'une hypotoxine. Pas étonnant donc que les dangers du sommeil soient restés longtemps ignorés.

L'apnée nocturne ne touche que 1 % de la population mais des formes moins sévères sont relativement fréquentes chez les hommes adultes et les vieillards. Des études de terrain faites au domicile de personnes âgées en bonne santé (enregistrements du sommeil et de la respiration) ont révélé que plus d'un tiers sont victimes d'apnée nocturne. Il est donc relativement fréquent, chez les personnes de plus de 65 ans, de faire au moins cinq pauses respiratoires par heure de sommeil. Si l'apnée nocturne est si fréquente chez les personnes âgées, ce n'est peut-être pas une maladie. La nature nous donne peut-être ainsi la possibilité « de mourir tranquille pendant son sommeil ». Plusieurs études ont montré que les décès à l'hôpital ont lieu plus fréquemment la nuit. Même si cela s'explique par de moins bonnes capacités d'intervention du personnel, certains spécialistes du sommeil proposent de ne pas traiter les personnes âgées qui souffrent d'apnée nocturne. On a montré que l'hypoxie (le manque d'oxygène) causée par l'apnée nocturne provoque une confusion du patient au réveil le matin. Un résultat à relier peut-être à l'hypothèse selon laquelle la privation chronique d'oxygène pourrait aggraver la démence sénile et/ou la maladie d'Alzheimer.

Les somnifères sont également une menace chez les personnes qui en sont de grands consommateurs : 40 % des ordonnances d'hypnotiques sont prescrites à des plus de 60 ans qui eux-mêmes ne constituent que 15 % de la population. De plus, on a montré que 50 à 60 % des patients hospitalisés reçoivent des hypnotiques pendant leur séjour. Le danger vient du fait que les somnifères modifient le seuil d'éveil, ce qui empêche le cerveau de réveiller le dormeur pendant une apnée. Résultat : les apnées sont plus longues et plus fréquentes. Donc l'association apnée nocturne et somnifères peut-être dangereuse. Une étude épidémiologique de l'Américain Cancer Society a montré que les personnes âgées consommatrices de somnifères ont un taux de mortalité sensiblement plus important que celui des gens du même âge qui n'utilisent pas d'hypnotiques.

Traitement de l'apnée nocturne

Les historiens de la Grèce antique décrivent ainsi le traitement de l'apnée nocturne : «Dionysos, fils de Cléandre (...) n'a cessé d'engraisser à cause de sa gloutonnerie et des festins auxquels il s'adonnait quotidiennement; son obésité lui rendait le souffle court et provoquait aussi des accès d'étouffement. Les médecins lui ordonnèrent de se procurer de longues aiguilles de pin pour lui piquer les côtes et le ventre s'il lui arrivait de s'endormir trop profondément.»[22]

L'obésité est la principale cause d'apnée nocturne, mais il y a d'autres facteurs de risques : amygdales ou langue gonflées de volume, excès de tissus adipeux dans la gorge ou toute anomalie anatomique créant un obstacle au passage de l'air dans la gorge. Les traitements vont donc du médical au chirurgical en passant par la cure d'amaigrissement, des appareils de contension de la langue, l'interdiction de dormir sur le dos, le port d'un masque assurant une ventilation suffisante. Pour adapter le traitement à chaque cas, les cliniciens filment la gorge du patient et localisent ainsi le siège de l'occlusion. Tous ces nouveaux traitements sont à comparer avec le traitement classique efficace : la trachéostomie ou technique chirurgicale qui consiste à aboucher la trachée à la peau de manière à courtcircuiter l'obstruction de la gorge (le patient ouvre ce nouvel orifice uniquement au moment de se coucher).

Le ronflement

Gêne et/ou facteur de risque

Le ronflement peut-être un inconvénient des plus anodins ou le symptôme d'un trouble menaçant la vie. Un ronflement sonore et répétitif est l'un des symptômes caractéristiques de l'apnée nocturne obstructive. Il s'explique par un rétrécissement des voies respiratoires supérieures ou sténose, qui se manifeste seulement pendant le sommeil et résulte généralement d'une baisse du tonus musculaire ou d'une particularité anatomique. La vibration de l'air contre le voile du palais donne le bruit. Si un ronflement est léger et intermittent, il n'y a pas de répercussion sur le système respiratoire. S'il est sonore et continu, même sans apnée, la respiration devient anormale et une hypertension artérielle nocturne peut alors apparaître.

L'importance des ronflements varie d'une nuit à l'autre. Ils sont augmentés par le manque de sommeil, l'alcool, l'altitude et certaines positions du dormeur. Quand un syndrome d'apnée nocturne patent indique une obstruction presque complète des voies aériennes supérieures, les ronflements sont alors le signe d'un rétrécissement modéré. Les ronflements peuvent apparaître à n'importe quel âge, chez les nourrissons comme chez les vieillards et présenter tous les degrés de gravité, du plus bénin au plus sérieux. Le ronflement nasal est le plus fréquent et le moins sérieux. C'est un son nasal grave. Ce type de ronflement est souvent intermittent et survient plutôt en cas de rhume ou d'allergie. En général, on ne se rend pas compte que l'on ronfle mais le réveil avec la bouche sèche ne trompe pas. Autre type de ronflement : celui de l'oropharynx. Il est plus sérieux et s'accompagne souvent de reniflements et de gargouillements. Plus ces bruits sont fréquents, plus le risque d'apnée nocturne est grand. Selon l'étude épidémiologique de San Marino, 19 % de la population ronfle chaque nuit. L'âge et le sexe jouent un rôle déterminant. Après 40 ans, 30 % des hommes et 20 % des femmes ronflent ; après 60 ans, ces chiffres atteignent respectivement 50 % et 40 %. La surcharge pondérale est un facteur important ; un tiers des obèses ronflent contre seulement 10 % des personnes de poids normal. L'hypertension artérielle se déclare plus volontiers chez les ronfleurs. Après un certain âge, le ronflement et le poids laissent présumer au même titre de la présence d'une hypertension.

En résumé, la ronflement est un signe d'altération modérée de la respiration qui, lorsqu'il est habituel, peut conduire à une hypertension ou à une apnée nocturne. C'est aussi un problème social, gênant pour le ronfleur comme pour le conjoint. La cure d'amaigrissement ou, en cas d'échec, une intervention chirurgicale, l'uvulopalatopharyngoplastie (un nom compliqué pour une opération courante), sont les meilleurs traitements du ronflement classique. L'uvulopalatopharyngoplastie consiste à élargir les voies aériennes en retirant l'excès de tissus adipeux et une partie du voile du palais. Même une légère prise de poids peut augmenter la masse graisseuse dans la gorge et provoquer le ronflement.

L'envie de dormir normale

La plupart d'entre nous ne souffriront jamais de narcolepsie ou d'apnée nocturne, les deux grandes causes de la fatigue diurne. Or beaucoup de gens se plaignent d'être fatigués, de manquer d'énergie et de se sentir mous. Comment, dans ces conditions, être frais et dispos toute la journée ? On a pu répondre à cette question grâce au M.S.L.T. Des volontaires sans troubles du sommeil, ont aidé les chercheurs de Stanford à étudier l'éveil. Un adulte normal à qui l'on propose de faire la sieste toutes les deux heures pendant la journée est tout à fait susceptible de s'endormir ; non pas en deux ou trois minutes comme en cas de narcolepsie mais avec un temps de latence de douze minutes en moyenne. Ce temps de latence avant le sommeil est en fait l'intervalle de temps qui sépare l'extinction de la lumière et le début du vrai sommeil (voir figure 8-1).

L'âge modifie le MLST. Les pré-adolescents (10 à 12 ans) sont les êtres humains les mieux réveillés. Quelle que soit l'heure de la journée, ils ne s'endormiront jamais pour une sieste. Il suffit de les observer dans une cour de récréation pour s'en convaincre. Comparez avec les adultes qui font une pause dans leur travail ! Les plus de 50 ans ont tendance à avoir davantage envie de dormir que les jeunes adultes ; placés dans de bonnes conditions, il y a de grandes chances pour qu'ils s'assoupissent. Il y a plusieurs raisons à ces comportements : les pré-adolescents ont chaque jour

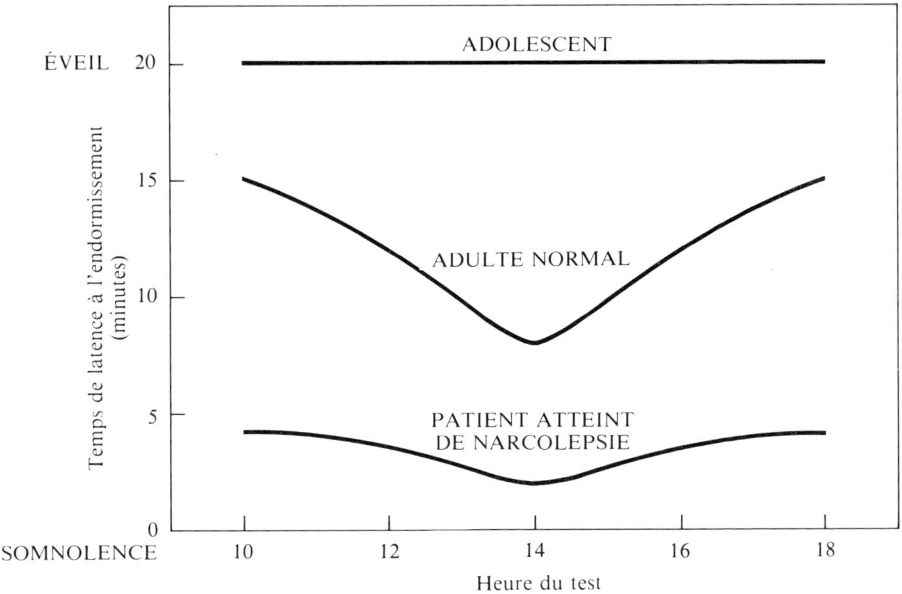

Figure 8.1 - Mesure de l'éveil pendant la journée.

la même longue période de sommeil. En l'absence de compagnon de lit, de télévision tard le soir et d'obligation de se lever tôt pour aller travailler, ils dorment sans doute un nombre d'heures optimal — 9 à 10 heures — et conservent un rythme circadien régulier, 7 jours sur 7. De plus, ils ont une grande proportion de sommeil en stade 3-4, qui semble être particulièrement réparatrice. A l'inverse, le plein adolescent et le jeune adulte ont, malgré des horaires de sommeil réguliers, un temps de sommeil global amputé et moins de sommeil en stade 3-4. Cette situation s'accentue progressivement avec l'âge et les horaires de travail chargés, les enfants, la télévision tard le soir, les sorties, etc. De fait, certains chercheurs pensent que la plupart des Américains souffrent d'une légère privation de sommeil chronique. Si l'on demande à un groupe d'étudiants de s'astreindre à dormir 8 heures par nuit, leur M.S.L.T. atteindra une moyenne de 15 qui signifie qu'ils ne s'endorment pas à chacune des siestes du test. Pour mémoire, un score de 20 indique un réveil maximum et zéro, une envie de dormir maximale. Mais s'ils dorment 10 heures pendant plusieurs nuits, leur M.S.L.T. est de 20 — ils ne s'endorment à aucune sieste. Mais il suffit qu'ils dorment deux nuits de suite quatre heures pour que le M.S.L.T. tombe à 5, un score proche de celui des malades atteints de narcolepsie. En cas de privation totale de sommeil nocturne, les sujets s'endorment en moins d'une minute à chaque sieste —

l'équivalent d'une somnolence pathologique. Il faut sans doute deux nuits de 8 heures, après une privation totale de sommeil, pour retrouver un éveil diurne normal. Comme nous l'avons vu dans les études du chapitre 5, les difficultés à accomplir une tâche diurne apparaissent, non pas à la suite d'une nuit de 4 heures, mais après une nuit blanche. Il semble donc exister une relation simple entre le sommeil nocturne et le dynamisme dans la journée. Si on dort bien, on est en forme ; si on a mal dormi, on est peu vif. Selon nos résultats, la majorité des adultes américains fonctionne en deçà de leurs capacités d'éveil maximal en raison d'une réduction du sommeil nocturne, de l'irrégularité des horaires de sommeil et peut-être d'un processus normal de vieillissement (stade 3-4 du sommeil réduit). Quand la motivation est insuffisante pour combattre la somnolence, il y a baisse des performances.

Pour bien comprendre l'éveil, il faut tenir compte d'un facteur supplémentaire. Le M.S.L.T. révèle chez presque tout le monde — les malades atteints de narcolepsie, d'apnée nocturne, les « normaux », etc. — un raccourcissement du temps de latence en début d'après-midi, le plus souvent vers 14 heures. A l'exception des pré-alolescents, tout le monde a tendance à s'endormir facilement à cette heure-là, souvent en quelques minutes. Cette fameuse « somnolence post-prandiale » ne s'explique vraisemblablement pas par le repas du midi ; on ne l'observe ni après le petit déjeuner ni après le dîner. Il s'agit en fait d'un pur phénomène physiologique, probablement d'un rythme ultradien — rythme biologique de moins de 24 heures — des capacités d'éveil ou du dynamisme, indépendant de la durée du sommeil nocturne. En dehors des rythmes biologiques circadiens qui ont un cycle de 24 heures, on a émis l'hypothèse de l'existence de cycles repos-activité de 90 minutes.

A l'usage, le M.S.L.T. a montré l'impact des rythmes biologiques sur les capacités d'éveil au cours d'une journée. Lorsqu'il est pratiqué toutes les deux ou trois heures pendant 24 heures, on observe une somnolence maximale vers 3 heures du matin et une autre tendance à s'endormir plus faible vers 14 heures. Plusieurs éléments déterminent les capacités d'éveil de la journée :

1. La phase circadienne, soit une bonne synchronisation entre le temps interne et le temps externe : celui qui travaille le jour aura sommeil vers 3 heures du matin (selon le M.S.L.T.), heure à laquelle le travailleur nocturne est en pleine forme.
2. Une bonne nuit de sommeil avant le test.
3. La quantité de sommeil en stade 3-4.
4. La régularité des horaires de sommeil et de travail.

5. L'absence ou la présence de troubles du sommeil tels que la narcolepsie ou l'apnée nocturne.

Après avoir établi que l'adulte moyen est moins réveillé qu'un enfant de 10 ans, il est plus facile d'étudier le comportement adulte. Il paraît donc normal de s'endormir à une réunion ennuyeuse sauf si vous êtes l'intervenant, le fait de s'endormir témoignerait alors d'une somnolence pathologique, comme la narcolepsie ou l'apnée nocturne. En principe, la motivation doit suffire à surmonter cette somnolence. Il n'est pas anormal non plus de s'endormir au volant vers 3 heures du matin quand on sait combien la conduite est monotone.

La conduite automobile, à la fois monotone et exigeant une attention soutenue, est le meilleur test de performance. Écouter la radio permet de rester éveillé et de conduire en sécurité. La chaleur (30°C) favorise les erreurs de conduite comme dévier de sa trajectoire. Mais ce n'est ni la voiture, ni la chaleur, ni le manque de musique qui provoque la somnolence. Une personne bien éveillée sur le plan physiologique ne s'endormira jamais dans une voiture chaude et sans musique. Certaines cultures reconnaissent ces baisses physiologiques de l'éveil et s'organisent en fonction — voir la sieste dans les pays chauds. Aux États-Unis comme dans tous les pays industrialisés, la caféine remplace la sieste. La tasse de café le matin et l'après-midi est une arme très répandue contre la somnolence. Curieusement, on a fait très peu d'études de M.S.L.T. pour étudier les effets de la caféine sur l'éveil. Selon des résultats préliminaires, trois tasses de café, à 9 h 30 le matin, réveillent pour la journée, surtout si vous manquez légèrement de sommeil. Si vous dormez de 9 à 10 heures par nuit, la caféine n'aura que peu d'effets sur votre état d'éveil ; vous êtes en principe suffisamment réveillé. Consommée régulièrement, la caféine, qui est le stimulant le plus répandu au monde, perd de son pouvoir excitant. On la trouve dans le café, le thé, les colas, le chocolat et associée à certains médicaments courants comme l'aspirine, les coupe-faim et les excitants (pharmaton). Une tasse de café contient, en moyenne, entre 100 et 150 mg de caféine ; une bouteille de coca-cola en contient entre 35 et 55 mg ; et une tablette de chocolat de 100 g jusqu'à 75 mg.

La caféine agit principalement sur le système nerveux central, sur le cœur et, à degré moindre, sur les reins. Il suffit de 100 à 200 mg de caféine, soit une ou deux tasses de café, pour observer une augmentation de l'activité cérébrale. Cela se traduit par une amélioration de l'agilité mentale sans altération de la coordination de la pensée comme c'est le cas avec des stimulants plus forts, la cocaïne ou les amphétamines par exemple. Toutefois, les effets de la caféine s'estompent en cas de prise quotidienne.

Comme avec d'autres excitants, une phase dépressive succède aux effets positifs. La caféine peut même provoquer des réactions paradoxales (5 à 10 tasses par jour). A mesure que le cerveau s'accoutume, il faut des doses chaque fois plus importantes pour éviter la dépression qui s'accompagne aussi d'une baisse des performances et d'une somnolence. Seule une utilisation occasionnelle permet en fait de jouir des effets positifs de la caféine. En cas d'abus, il est très difficile de s'arrêter. Avoir besoin de café pour « démarrer » le matin n'est pas une anomalie du système biologique mais la conséquence d'un sommeil de mauvaise qualité ou de mauvais horaires de sommeil. Notre organisme est capable de se réveiller tout seul pourvu que l'on maintienne des horaires réguliers.

Somnifères, antihistaminiques et éveil

Un sommeil prolongé, provoqué par une prise médicamenteuse, ne rend pas forcément plus performant. Le Flurazepan était le somnifère le plus souvent prescrit aux États-Unis dans les années 1970. Moins dangereux que les barbituriques et préservant le sommeil paradoxal et le stade 3-4, il avait la préférence des médecins. Le développement du M.S.L.T. a permis aux chercheurs de mesurer avec précision les effets des hypnotiques sur l'éveil, après une bonne nuit de sommeil. Le Flurazepan agit au moins pendant 80 heures sur le système nerveux central. Ces effets sédatifs se prolongent donc pendant la journée, ce qui n'est souhaitable qu'en cas d'extrême anxiété. Ce médicament est aussi efficace à minuit qu'à dix heures le lendemain matin. Mais après une bonne nuit avec prise du Flurazepan, on a plus sommeil qu'après une nuit d'insomnie. Aujourd'hui, les somnifères de courte durée d'action endorment aussi bien que les autres sans provoquer d'effets indésirables. Seuls les outils cliniques objectifs permettent de mesurer avec précision les effets du médicament car il est impossible de se fier aux commentaires des patients. Ils nient avoir sommeil ; trop heureux d'avoir bien dormi, ils ne veulent pas changer de traitement.

Aux États-Unis, les antihistaminiques font partie des médicaments sans ordonnances les plus répandus et massivement utilisés comme somnifères. La Diphenhydnamine, un des plus courants, en circulation depuis les années 1940, soigne l'urticaire, les allergies, les rhinites, etc. mais est aussi un sédatif. Il est d'ailleurs fréquemment utilisé aux États-Unis comme somnifère sans ordonnances. Ces dernières années, de nouveaux antihistaminiques de structure chimique différente ont fait apparition en Europe, au Canada et, plus récemment, aux États-Unis. Ils sont censés n'avoir aucun effet sédatif. A Stanford, nous avons testé les effets sédatifs des anciens et des nouveaux antihistaminiques : les plus anciens font dormir au moins quatre heures. Les plus récents n'ont effectivement aucun effet sédatif. Quel que soit le médicament, comme avec un placebo, la somnolence est identique pendant la sieste à 14 heures du M.S.L.T. qui correspond à la somnolence post-prandiale de l'après-midi.

Perspectives

J'espère avoir été clair en parlant des accidents de train ou d'avion. Impossible, en effet, d'aller à l'encontre de notre système biologique ; nous devons dormir chaque jour. Avec le passage de l'ampoule électrique d'Edison au Jet, la frontière entre le jour et la nuit s'est estompée. Comment ménager notre organisme sans négliger la sécurité et l'efficacité à toute heure du jour et de la nuit ?

Le problème est considérable. 56 % des 900 travailleurs en brigades que j'ai suivis admettent somnoler ou s'endormir régulièrement au travail. Fatigués, ils ne vont pas s'allonger dans un coin mais s'endorment à leur poste de travail, devant un haut fourneau, une chaîne de montage, un banc de laminage... Ces dernières années, les industriels se sont plus facilement laissés convaincre des dangers du travail en brigade. En faisant un topo sur l'horloge biologique aux ouvriers d'une usine de l'État de New York, j'ai pris l'exemple d'un fait divers relaté par la presse locale : « Des pompiers dans une centrale nucléaire surpris en train de faire la sieste pendant leur travail ». A 3 heures du matin, raconte le journaliste, cinq des treize employés ont été surpris en train de dormir au cours d'une inspection. Rien de bien grave aux dires de l'usine, au point que la Commission de Régulation Nucléaire des États-Unis n'a pas été mise au courant et ne possède aucun dossier sur l'affaire. Les habitants des environs ne sont, eux, pas tout à fait d'accord. Si l'on se souvient de Three-Mile Island, de Bhopal et de Tchernobyl, il est clair que c'est une situation critique.

En me penchant sur l'avenir, je ne vois que trois solutions. D'un côté, nous pouvons continuer d'ignorer notre horloge biologique et espérer que les hommes se transforment en Superman — rester éveiller et courir tous les risques. Nous pouvons aussi tenter de revenir à une société diurne. Au Japon, par exemple, les femmes n'ont pas le droit de travailler la nuit, et les Japonais proposent de ne faire fonctionner 24 heures sur 24 que les postes indispensables, une centrale nucléaire plutôt qu'une usine de construction automobile. Ces deux solutions extrêmes — ignorer notre horloge biologique ou retourner à des temps pré-édisoniens — sont irréalistes.

Il est intelligent d'essayer de mieux comprendre et d'intégrer nos nouvelles connaissances des rythmes biologiques pour une société qui fonctionnerait 24 heures sur 24. C'est déjà le cas dans certaines entreprises. Les accidents de trains de la Burlington Northern ont permis de se rappeler l'existence de dispositifs de sécurité sophistiqués, utilisés sur certaines lignes ferroviaires : l'arrêt automatique du train si le mécanicien s'endort ou ne répond pas aux signaux.

Pour le trafic aérien, la marche à suivre est différente. Les compagnies aériennes ont toujours négligé de tenir compte des rythmes biologiques pour organiser l'emploi du temps des pilotes. Ces derniers sont tout bonnement supposés capables de faire face à toute situation aussi critique soit-elle ! La prise de conscience de l'opinion publique devrait faire bouger les choses. Récemment, un commandant de bord d'une grande compagnie aérienne m'a interrogé sur l'amélioration possible des emplois du temps et des techniques de sécurité pour les pilotes. Cette sensibilité au problème et à la fatigue des pilotes s'explique sans doute par le statut de cette compagnie : elle appartient au personnel. Pourquoi ne pas développer une méthode simple pour remettre à l'heure son horloge biologique — quelque chose d'aussi simple que de remettre sa montre à l'heure en changeant de fuseau horaire ? On peut penser aussi à l'invention d'un médicament miracle. En attendant, il nous faut adapter notre système biologique « démodé » à un monde sans cesse en activité.

En tant que spécialiste du sommeil, je suis heureux de savoir que nos connaissances actuelles nous permettent d'améliorer la sécurité et la santé de tous. Un chef d'entreprise californien m'a contacté pour des problèmes d'horaires de brigades. Comme d'habitude, je me suis renseigné sur les horaires pratiqués dans son usine. Quand il m'a dit : « L'horaire de Stanford », j'ai eu très peur. Il y a tellement d'appellations différentes pour les horaires classiques que j'ai cru qu'il associait le nom de Stanford à l'un d'eux. En essayant de garder mon calme, je lui ai demandé : « De quel horaire s'agit-il ? » « De celui qui tourne dans le bon sens », m'a-t-il répondu. C'était effectivement l'un des horaires que nous avions introduits à l'usine de la G.S.L. dans l'Utah ! Malheureusement, ils n'avaient pas adopté la meilleure fréquence de rotation ! Le changement vient lentement mais comme il va dans le bon sens, nous pouvons espérer continuer à mettre les découvertes de la chronobiologie au service de l'amélioration de la santé et de la sécurité.

NOTES

1. William C. Dement, *Some Must Watch While Some Must Sleep,* Stanford Alumni Association, Stanford, Ca., 1972, pp. 8-12.

2. Stefan Lorant, *Pittsburgh : The Story of an American City,* Authors Edition, Inc., Lenox, Maine, 1964, p. 214.

3. *Ibid.,* p. 281.

4. The Interchurch World Movement, Commission of Inquiry, *Report on the Steel Strike of 1919,* Brace and Howe, New York, 1920.

5. S. Adele Shaw, « Now That Jerry Has Time To Live », in *Survey,* 1er sept. 1924, p. 568.

6. House Committee on Investigation of United States Steel Corporation, *United States Steel Corporation Hearings,* vol. 14, 62e Cong., 2e sess., 1912, p. 2841.

7. House Committee on Science and Technology, Hearings Before the Subcommittee on Investigations and Oversight, *Biological Clocks and Shift Work Scheduling,* 98e Cong., 1re sess., 1983, pp. 4.-5.

8. *Ibid.,* p. 170.

9. *Ibid.,* pp. 12-13.

10. Wiley Post & Harold Gatty, *Around the World in Eight Days : The Flight of the Winnie Mae,* Rand McNally, New York, 1931, p. 27.

11. *Ibid.,* p. 119.

12. Doug Beal, *Spike : The Story of the Victorious U.S. Volleyball Team,* Avant Books, San Diego, Ca., 1985, p. 133.

13. Laverne C. Johnson, in *Sleep : Physiology and Pathology, A Symposium,* ed. Anthony Kales, Philadelphia, 1969, p. 206.

14. Soviet Sleep Symposium, 1982.

15. Daniel Goleman, « Staying Up », in *Psychology Today,* mars 1982, p. 27.

16. C.G. Jung, *Dreams*, trad. R.F.C. Hull, Princeton Univ. Press, Princeton, NJ, 1974, p. 27.

17. Sigmund Freud, *The Interpretation of Dreams,* trad. A.A. Brill, Random House, New York, 1950, pp. 247-248.

18. Hervey de Saint-Denys, *Les Rêves et les Moyens de les diriger*, in Charles McCreery, *Psychical Phenomena and the Physical World,* Hamish Hamilton, London, 1973, pp. 102-104.

19. W.C. Dement and E.A. Wolpert, « Relationships in the Manifest Content of Dreams Occuring on the Same Night », in *The Psychology of Sleep,* David Foulkes dir., Charles Scribner's Sons, New York, 1966, pp. 95-96.

20. Christian Guilleminault, Peter Pool, Jorge Motta & Anne M. Gillis, « Sinus Arrest During REM Sleep in Young Adults » in *The New England Journal of Medicine,* vol. 311, n° 16, 18 oct., 1985, pp. 1006-1007.

21. Charles Dickens, *The Posthumous Papers of the Pickwick Club,* Oxford Univ. Press, London, 1948, p. 753.

22. Athenaeus, *The Deipnosophists,* trad. Charles Gulick, vol. 5, Harvard Univ. Press, Cambridge, Mass., 1863, pp. 491, 497.

GLOSSAIRE

Apnée nocturne : ralentissement ou arrêt respiratoire pendant le sommeil, cause éventuelle d'hypertension artérielle, d'insuffisance cardiaque, d'arythmie et de mort subite pendant le sommeil.

Asystole : disparition transitoire de toute activité cardiaque.

Avance de phase : décalage de son horloge biologique vers des heures plus précoces.

Biorythmes : variations du comportement humain liées à la date de naissance. Aucun argument sérieux n'existe pour soutenir cette théorie.

Catalepsie : crise de paralysie musculaire soudaine, partielle ou totale, déclenchée par une émotion forte. Il s'agit d'un des principaux symptômes de narcolepsie.

Cauchemar : rêve intense, anxiogène, apparaissant en général pendant le sommeil paradoxal, peu de temps avant le réveil.

Centres cérébraux subcorticaux : zones du cerveau situées sous le cortex, comme le tronc cérébral par exemple.

Chronobiologie : étude des phénomènes biologiques en tenant compte du facteur temps et donc des activités rythmiques.

Chronothérapie : traitement réorganisateur du cycle du sommeil fondé sur le décalage progressif des horaires du coucher, proposé dans le cadre de l'insomnie par retard à l'endormissement.

Circannuel : se dit d'un rythme biologique qui varie sur une base annuelle telle que l'hibernation.

Comportement automatique : comportement ayant lieu dans un état de conscience diminuée. Le sujet ne se rend pas compte de ce qu'il fait dans cet état.

Désynchronisation interne : état de déphasage des rythmes physiologiques provoqué par une disparition ou une perturbation des signaux temporels.

Diurne : se dit d'un organisme actif le jour et dormant la nuit.

Échappement : phénomène observé lorsqu'un organisme n'est plus soumis aux signaux temporels environnementaux.

E.E.G. (électroencéphalogramme) : enregistrement de l'activité cérébrale par un électroencéphalographe. Les courants électriques microscopiques du cerveau sont captés par des électrodes crâniennes et reproduits après amplification sur un polygraphe.

Électrothérapie : technique d'amélioration de l'endormissement consistant à soumettre le cerveau à de petits courants électriques afin de reproduire l'activité cérébale d'endormissement. Développée dans les années 60 par les Soviétiques, cette technique n'est plus utilisée.

Énurésie : miction survenant pendant le sommeil, involontaire et inconsciente, chez un enfant de plus de 4 ans.

Flurazepam : somnifère courant de très longue durée d'action, capable de provoquer un sommeil diurne.

Halcion : somnifère de courte durée d'action, efficace en cas d'insomnie transitoire et de décalage horaire.

Horloge biologique : système physiologique inné capable de mesurer le temps.

Hypersomnie : état pathologique caractérisé par un sommeil excessif.

Hypothèse de la sentinelle : théorie selon laquelle le rêve est un système de protection du sommeil permettant au dormeur d'être alerté en cas de danger.

Hypotoxine : substance chimique hypothétique sécrétée par l'organisme responsable du sommeil.

Inertie du sommeil : brève sensation de léthargie suivant le réveil après une sieste.

Infradien : se dit d'un rythme biologique dont le cycle est très supérieur à 24 heures. Le cycle menstruel est un rythme infradien.

Insomnie : incapacité à s'endormir, à rester endormi, réveils fréquents ou précoces et/ou sommeil de mauvaise qualité.

Insomnie transitoire : insomnie de courte durée (moins de 3 semaines) liée le plus souvent à un événement particulier.

Latence d'endormissement : intervalle de temps entre le coucher et l'endormissement.

Mal du décalage horaire : état de déphasage entre les rythmes biologiques et l'heure locale provoqué par le franchissement rapide de plusieurs fuseaux horaires.

Microsommeil : épisode de sommeil bref chez une personne éveillée, ne dépassant pas quelques secondes, en général associé à un état d'éveil prolongé.

M.S.L.T. (Multiple Sleep Latency Test ; test répété du temps de latence à l'endormissement) : test physiologique de mesure de l'éveil.

Narcolepsie : accès pathologie paroxystique de sommeil, s'accompagne souvent de catalepsie, de paralysie du sommeil, d'hallucinations et d'interruptions du sommeil nocturne.

Neurone : cellule spécialisée qui constitue l'élément de base du tissu nerveux.

Neurotransmetteurs : substances chimiques permettant la transmission d'informations d'un neurone à un autre.

Oscillations : fluctuations autour d'une position d'équilibre, d'un état physiologique par exemple.

Paralysie du sommeil : sensation de paralysie au réveil ou lors de l'endormissement.

Paralysie nocturne : incapacité momentanée à accomplir un geste éprouvée par des travailleurs de nuit à des postes sédentaires.

Phase circadienne : de la durée d'une journée. Les rythmes circadiens varient sur une base journalière (24 heures environ).

Polygraphe : appareil capable de tracer simultanément les enregistrements de plusieurs variables physiologiques.

Polysomnographie : enregistrement continu et simultané de plusieurs variables physiologiques pendant le sommeil.

Pseudo-insomnie : sensation subjective de sommeil de mauvaise qualité malgré des enregistrements objectifs montrant un sommeil nocturne normal.

Retard de phase : décalage de son horloge biologique vers des heures plus tardives.

Rêve lucide : rêve où l'on est conscient de rêver.

Rotation progressive : technique de changement d'horaire progressif pour des travailleurs en brigades, qui consiste à reculer un peu chaque jour l'heure de reprise du travail jusqu'à atteindre le nouvel horaire.

Rythme biologique : oscillations d'un système physiologique causée par une horloge biologique. Ces oscillations ne sont pas provoquées par des stimuli environnementaux.

Sommeil paradoxal : état d'activité cérébrale intense, pendant le sommeil, proche de l'activité cérébrale d'éveil, qui s'accompagne d'une inhibition des réflexes spinaux (paralysie) et de rêves, présent chez la plupart des mammifères.

Sommeil profond ou sommeil lent : stades 1, 2, 3 et 4 du sommeil, c'est-à-dire tous les stades du sommeil à l'exclusion du sommeil paradoxal.

Sténose : rétrécissement d'un conduit. Une sténose de la trachée peut provoquer des ronflements et une apnée nocturne.

Syncope : brève perte de conscience (évanouissement) liée à une diminution du débit sanguin cérébral.

Syndrome des jambes sans repos : mouvements involontaires des jambes avec picotements empêchant l'endormissement.

Télépathie onirique : pouvoir psychique d'une personne éveillée capable d'influencer les rêves d'un sujet endormi.

Terreurs nocturnes : réveils pendant le sommeil lent, généralement en stade 3 ou 4, caractérisés par des cris de frayeur, une transpiration abondante, les yeux révulsés, le cœur très accéléré. Peuvent être causées par un stress excessif.

Thermistances : électrodes sensibles à la température.

Trachéostomie : intervention chirurgicale consistant à aboucher la trachée à la peau, utilisée en cas d'obstruction de la trachée.

Tronc cérébral : il constitue l'une des trois principales subdivisions du cerveau. Situé à sa base, il réalise la jonction entre le cerveau et la moelle épinière. On pense qu'il est le siège des mécanismes de régulation du sommeil et de l'éveil.

Troubles affectifs saisonniers : type de dépression apparaissant les saisons où les jours sont réduits (hivers canadiens, par exemple).

Ultradien : se dit d'un rythme biologique dont les variations sont beaucoup plus brèves que 24 heures, comme le rythme cardiaque, respiratoire, ou l'alternance sommeil lent/sommeil paradoxal.

Uvulopalatopharyngoplastie : intervention chirurgicale visant à élargir et renforcer la gorge, utilisée comme traitement de l'apnée nocturne obstructive et du ronflement chronique.

Zeitgebers : « donneurs de temps ». Signaux environnementaux donnant une indication sur le temps.

APPENDICE

Test : êtes-vous chouette ou alouette ?

Si vous vous découvrez modérément du soir ou du matin, ou entre les deux, alors vous êtes comme la plupart des gens. Vous pouvez certainement modifier vos horaires de sommeil sans trop de difficulté après un week-end, si vous travaillez une nuit ou en cas de décalage horaire. Si en revanche vos résultats au test indiquent que vous êtes un vrai matinal, vous devez être à votre maximum de performance très tôt et n'être plus bon à rien quand le soir approche. Il vous est sans doute très difficile de vous adapter à des horaires de travail variables, à un décalage horaire. Si vous êtes une chouette, un couche tard, alors c'est la nuit que vous êtes au mieux de votre forme. Il vous est probablement plus facile de vous ajuster à des changements d'horaire, à un décalage horaire que la majorité des gens.

Pour ces deux extrêmes — les chouettes et les alouettes — il est parfois difficile de rester synchronisé avec les autres membres de leur famille ou avec leurs horaires de travail. Les uns comme les autres, il vous est pourtant possible de remettre votre horloge interne à l'heure du plus grand nombre. Ne luttez pas contre votre horloge biologique. Si vous ne pouvez adapter votre vie sociale et vos besoins de travail à votre propre rythme biologique, essayez de vous remettre à l'heure à l'aide des quelques conseils fournis dans ce livre.

Adapté de « Questionnaire d'auto-détermination du caractère matinal ou vespéral des rythmes circadiens chez l'homme », par J.A. Horne et O. Ostberg in *International Journal of Chronobiology,* vol. 4, 97-110, Gordon and Breach Science Publishers Ltd., London, 1976.

Instructions :
1. Lisez attentivement chaque question avant de répondre.
2. Répondez à toutes les questions.
3. Prenez les questions dans l'ordre.
4. Répondez indépendamment aux questions. Ne retournez pas en arrière pour vérifier vos réponses précédentes.
5. A chaque question correspondent plusieurs réponses. Ne cochez qu'une seule réponse par question.
   Lorsqu'il existe une échelle à la place d'un choix de réponse, cochez sur l'échelle la position correspondant à votre cas.

Points :

Pour les questions 3, 4, 5, 6, 7, 8, 9, 11, 12, 13, 14, 15, 16 et 19, le nombre de points est inscrit après chaque réponse.

Pour les questions 1, 2, 10 et 18, le nombre de points correspondant aux réponses est indiqué sous l'échelle. Pour la question 17, le nombre de points à prendre en compte est celui inscrit sous la case la plus à droite de celles que vous cochez.

Faites le total de vos points et comparez-le avec l'échelle ci-dessous :

	Total
Extrêmement matinal	70-86
Modérément matinal	59-69
Intermédiaire	42-58
Modérément du soir	31-41
Véritablement du soir	16-30

1. Si vous pouviez disposer librement de votre temps, à quelle heure vous lèveriez-vous, ayant pour unique préoccupation d'être au mieux de votre forme ?

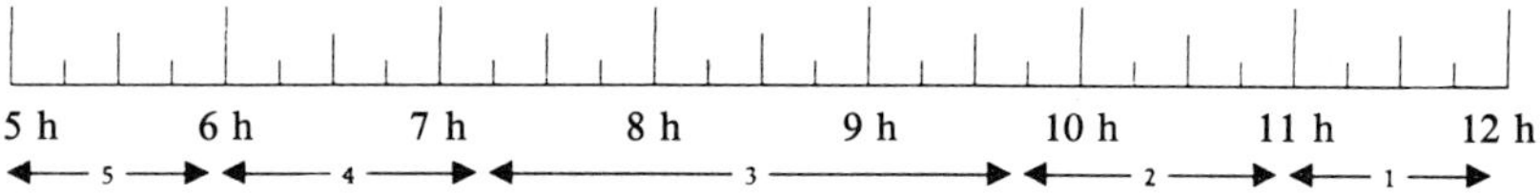

2. Si vous pouviez disposer librement de votre temps, à quelle heure iriez-vous vous coucher, ayant pour unique considération de vous sentir le mieux possible ?

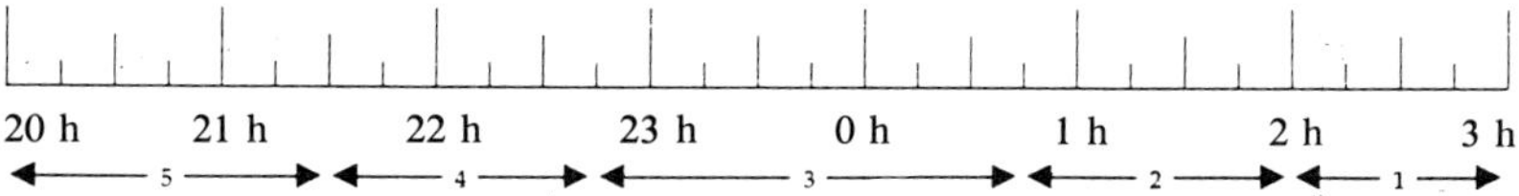

3. Si le matin vous devez vous lever à une heure précise, êtes-vous ou non dépendant de votre réveille-matin	Pas du tout dépendant .... ☐ 4 Un peu dépendant .... ☐ 3 Assez dépendant................ ☐ 2 Très dépendant .... ☐ 1
4. En supposant que vous dormez dans de bonnes conditions, vous lever tôt le matin est :	Très pénible.................... ☐ 1 Pénible .... ☐ 2 Assez facile .... ☐ 3 Très facile .... ☐ 4
5. Comment vous sentez-vous pendant la première demi-heure qui suit votre réveil le matin :	Encore endormi .... ☐ 1 Légèrement éveillé .... ☐ 2 Assez éveillé .... ☐ 3 Très éveillé .... ☐ 4
6. Durant la première demi-heure qui suit votre réveil le matin, votre appétit est :	Inexistant...................... ☐ 1 Faible .... ☐ 2 Assez grand.................... ☐ 3 Très grand...................... ☐ 4
7. Durant la première demi-heure qui suit votre réveil le matin, vous vous sentez :	Très fatigué.................... ☐ 1 Assez fatigué................... ☐ 2 Assez reposé .... ☐ 3 Très reposé .... ☐ 4
8. Quand vous n'avez rien de spécial à faire le lendemain, par rapport à votre heure habituelle de coucher, vous vous couchez :	Jamais plus tard................ ☐ 4 Moins d'une heure plus tard ..... ☐ 3 Entre 1 et 2 heures plus tard ..... ☐ 2 Plus de 2 heures plus tard .... ☐ 1

9. Vous avez décidé de faire du sport. Un ami vous suggère de vous y mettre 1 heure, 2 fois par semaine, le matin entre 7 et 8 h. N'ayant pour seule préoccupation que celle de vous sentir bien, vous pensez que pendant vos exercices vous serez :

En bonne forme	☐	4
Relativement en forme	☐	3
En relativement mauvaise forme ..	☐	2
En très mauvaise forme	☐	1

10. Le soir, à quelle heure vous sentez-vous fatigué au point de vouloir aller dormir ?

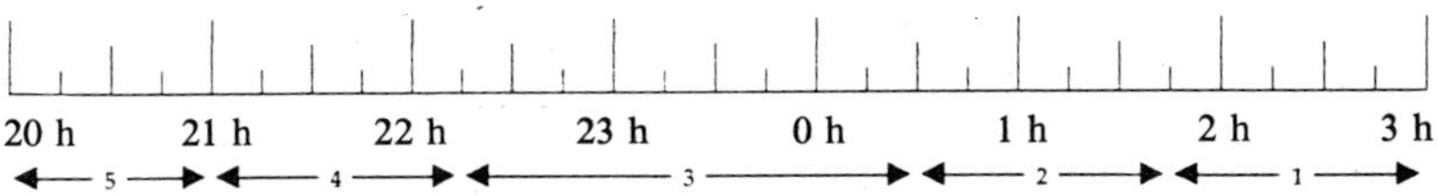

11. Vous souhaitez être au mieux de votre forme pour affronter une épreuve intellectuellement éprouvante de deux heures. Vous êtes complètement libre d'organiser votre journée. Quelles heures choisiriez-vous pour passer votre épreuve avec le maximum de succès ?

8 h - 10 h	☐	6
11 h - 13 h	☐	4
15 h - 17 h	☐	2
19 h - 21 h	☐	0

12. Si vous vous couchez à 23 h, serez-vous fatigué le lendemain ?

Pas du tout fatigué	☐	0
Un peu fatigué	☐	2
Assez fatigué	☐	3
Très fatigué	☐	5

13. Pour une quelconque raison, vous vous couchez quelques heures plus tard que d'habitude, mais rien ne vous oblige de vous lever tôt le lendemain. Que vous arrivera-t-il ?

Vous vous réveillez à l'heure habituelle sans vous rendormir ...	☐	4
Vous vous réveillez à l'heure habituelle mais vous avez sommeil peu après	☐	3
Vous vous réveillez à l'heure habituelle puis vous vous rendormez	☐	2
Vous vous réveillez plus tard que d'habitude	☐	1

14. Vous devez effectuer une garde de nuit entre 4 h et 6 h du matin. Vous disposez de votre temps le lendemain. Que faites-vous ?

Vous ne vous couchez qu'après la fin de votre garde	☐	1
Vous faites une sieste avant et vous vous couchez après	☐	2
Vous dormez le plus possible avant et faites une sieste après	☐	3
Vous dormez avant votre garde et vous ne vous recouchez pas après.	☐	4

15. Vous devez accomplir un travail physique éprouvant de deux heures. Vous disposez entièrement de votre temps. En considérant uniquement le fait de vous sentir le mieux possible, quelles heures choisiriez-vous pour effectuer votre travail ?

8 h - 10 h	☐	4
11 h - 13 h	☐	3
15 h - 17 h	☐	2
19 h - 21 h	☐	1

16. Vous avez décidé de pratiquer un sport physiquement éprouvant. Un ami vous conseille de vous entraîner deux fois par semaine pendant une heure, entre 10 et 11 heures. N'ayant pour seule préoccupation que celle de vous sentir bien, vous pensez que pendant vos exercices vous vous sentirez :

En bonne forme .... ☐ 1
Relativement en forme .... ☐ 2
En relativement mauvaise forme .. ☐ 3
En très mauvaise forme .... ☐ 4

17. Vous êtes libre de choisir vos horaires de travail. En supposant que vous devez travailler 5 heures (pauses comprises), que votre travail est intéressant et rémunéré aux résultats, quelles heures consécutives choisiriez-vous ?

12 1 2 3 4 5 6 7 8 9 10 11 12 1 2 3 4 5 6 7 8 9 10 11 12

minuit midi minuit

← 1 → ← 5 → 4 ← 3 → ← 2 → ← 1 →

18. A quelle heure de la journée vous sentez-vous au mieux de votre forme ?

12 1 2 3 4 5 6 7 8 9 10 11 12 1 2 3 4 5 6 7 8 9 10 11 12

minuit midi minuit

← 1 → ← 5 → ← 4 → ← 3 → ← 2 → ← 1 →

19. On parle couramment de gens matinaux et de gens du soir. Vous vous considérez comme :

Entièrement matinal .... ☐ 6
Plus matinal que du soir .... ☐ 4
Plus du soir que matinal .... ☐ 2
Véritablement du soir .... ☐ 0

CRÉDITS

Couverture	*L'empire des Lumières* de René Magritte - Edimedia, © ADAGP, 1988.
Page	
12	Illustration de Pamela Manley, extraite de : M.C. Moore-Ede, F.M. Sulzman, and C.A. Fuller, *The Clocks That Time Us,* Harvard Univ. Press, Cambridge, Ma, 1982.
24	Figure 2-1, extraite de : C. Czeisler, *International Organization of Temperature, Sleep-Wake and Neuroendocrine Rhythms Monitored in an Environment Free of Times Cues,* Phd Thesis, Stanford Univ., 1978.
29	Illustration de Pamela Manley.
38	Stefan Lorant.
42	Bethlelem Steel Corp.
67	Wide World Photos.
100	Ted Spagna.
104	Figure 5-1, extraite de : W.C. Dement, *Some Must Watch While Some Must Sleep,* Stanford Alumini Association, Stanford, Ca, 1972.
106	Figure 5-2, extraite de : *A. Kales,* ed., *Sleep : Physiology and Pathology, A Symposium,* J.B. Lippincott Company, Philadelphia, 1969.
114	Illustration de James Thurber.
133	Illustration de Jim M'Guinness.
150	Thomas Nast, New York Public Library.

Imprimé en France par Mame Imprimeurs, à Tours – n° 22072
N° d'édition : 1861-01 – Dépôt légal : Décembre 1988.

A PROPOS DE L'AUTEUR

Richard M. Coleman est l'un des plus grands spécialistes américains sur le sommeil. Également consultant auprès des entreprises, il est un des pionniers de l'application des principes circadiens (cycles biologiques) aux horaires de travail. Ex co-directeur du service de médecine du sommeil de l'Université de Stanford, il est membre de la faculté de médecine à Stanford.

Le Dr Coleman partage son temps entre la psychologie clinique où il traite des patients atteints de troubles du sommeil et le conseil en entreprise pour améliorer les horaires des postes de travail en continu. Il est notamment intervenu dans l'élaboration des emplois du temps auprès d'entreprises d'importance nationale comme Alcan, Chevron, Conoco et Procter & Gamble. Consultant auprès du Comité Olympique américain, le Dr Coleman s'est aussi intéressé à la réduction des effets du décalage horaire sur la forme et les performances des athlètes.

Au cours de ses études supérieures, le Dr Coleman a participé au tout début de la recherche moderne sur le sommeil à l'Université de Chicago et à la faculté de médecine Albert-Einstein à New York. Après son doctorat en psychologie à l'Université de Yeshiva en 1979, il est venu travailler à Stanford avec le Dr William Dement. Il a publié de nombreux articles dans des revues comme *Sciences*, le *Journal of the American Medical Association* et *Sleep*.

Intervenant régulièrement à des conférences scientifiques et professionnelles et à des rencontres sur l'organisation industrielle, il a conduit, en 1984, une délégation américaine en Union soviétique dans le cadre d'une conférence américano-soviétique sur la psychologie et les troubles du sommeil et de l'éveil. Ses recherches actuelles ont trait à l'amélioration des horaires de travail pour la santé et la sécurité des travailleurs et des usagers.